ANDREAS KIELING
MIT SIMONE KOSOG

DER BÄRENMANN

Vater und Sohn unter Grizzlys in Alaska

Aus der ARD-Reihe
EXPEDITIONEN INS TIERREICH

HOFFMANN UND CAMPE

Für meine Söhne Thore und Erik

1. Auflage 2004
Copyright © 2004 by Hoffmann und Campe Verlag
www.hoffmann-und-campe.de
Sendereihen- und Sendefolgentitel, Idee, Sendekonzept,
Logos und Style Guide lizenziert von NDR Media GmbH
Alle Fotos im Band von Andreas Kieling
Schutzumschlaggestaltung: Büro Hamburg
Foto: Andreas Kieling
Typographie und Layout: Prill Partners|producing, Berlin
Repro: LVD GmbH, Berlin
Druck und Bindung: Mohn Media GmbH, Gütersloh
Printed in Germany
ISBN 3-455-09469-4

HOFFMANN
UND CAMPE

Ein Unternehmen der
GANSKE VERLAGSGRUPPE

INHALT

Hey Bär, lange nicht gesehen.
Wie geht's dir denn? Und den Kleinen? Sind ja riesig geworden.
Schau mal, ich hab auch jemanden mitgebracht:
Das ist mein Sohn Erik.

VORWORT

Vor Nachahmung wird gewarnt

Eigentlich ist die gute alte ARD-Reihe EXPEDITIONEN INS TIERREICH durchweg familientauglich. Bedurfte dieser Film nun zum ersten Mal der Warnung: Bitte ahmen Sie das hier Gezeigte auf keinen Fall nach?

Was Andreas Kieling der Redaktion gerade vorgeschlagen hatte, klang ungeheuerlich: Er plante, mit seinem Sohn ungeschützt den größten Grizzlys der Welt gegenüberzutreten, allein durch die tückischen Gewässer Alaskas zu segeln, wochenlang abgeschnitten von der Außenwelt. Doch der Mann ist kein Abenteurer im gemeinen Sinn. Andreas Kieling, seit Jahren bekannt für seine Nordlandexpeditionen und herausragenden Tierfilme, weiß genau, was er tut. Ein echter Abenteurer eben: ruhig, bescheiden, mit großem Wissen über das Leben in der Wildnis und vor allem über die eigenen Grenzen.

Das Ergebnis der Reise gibt ihm Recht: Es wurde eine Expedition, die wohl nur eine handvoll Bärenspezialisten auf der Welt gewagt hätten, aber kein tollkühnes Spektakel. Der daraus entstandene Film und das Buch liefern eine Menge Einsichten über den Tag hinaus. Nicht nur über die Tierwelt des hohen Nordens, auch über die Möglichkeit, mit der Natur zu leben, wenn man ihr mit Respekt gegenübertritt. Wichtig in einer Zeit, wo andere in Buschcamps mit Schaben und Wasserspinnen auf Tuchfühlung gehen, um »Dschungelkönig« zu werden.

Andreas Kieling setzt seine ganz anderen Reisen für uns fort. Die nächste, so viel sei verraten, wird noch länger und abenteuerlicher durch den hohen Norden führen. Es sind die vielleicht schönsten EXPEDITIONEN INS TIERREICH, denn sie lassen uns für einen Augenblick selbst wieder Kind sein: Staunen über die Schönheit der Natur und Dinge, die noch wahr sind.

Jörn Röver   Thomas Schreiber
Redaktionsleiter   Leiter Programmbereich Kultur
NDR Naturfilm   NDR Fernsehen

RUSSLAND

Korjakengebirge

Beringowski

Anadyrgolf

Kap
Nawarin

Gambell

St. Lawrenc Insel

Kap
Romanz

Hooper

St. Matthew Insel

Meko

Nunivak Inse

BERINGMEER

ALEUT

Ak
Dutch Harbour

Attu

Rat Inseln

Nikolski

Fox In

Atka

Andreanof Inseln

PAZIFISCHER OZEA

»PAPA, WANN DARF ICH ENDLICH MIT?«

Erik war neun Jahre alt, als wir den Sommer zusammen mit den Bären verbrachten. Dass sein Vater immer wieder für lange Zeit zu den Grizzlys verschwand, war für ihn normal, er war damit aufgewachsen. Von den letzten zwölf Jahren hatte ich insgesamt mindestens sechs in Alaska gelebt, und während ich mit der Kamera den Bären folgte, hörten Erik und sein jüngerer Bruder Thore zu Hause in der Eifel die Audiokassetten, die ich unterwegs für sie besprochen und ihnen zugeschickt hatte. Wenn ich schon nicht bei ihnen war, sollten sie wenigstens an meinen Erlebnissen teilhaben können.

Die Jungs waren süchtig nach den Aufnahmen; selbst heute noch höre ich manchmal, wenn ich abends an ihren Zimmern vorbeigehe, durch die Tür meine Stimme, die vom Filmen, vom Fischen, von Bären und Wölfen erzählt. Später habe ich den beiden Videoaufnahmen mitgebracht, weil sie sich nicht vorstellen konnten, wie es ist, wenn ein riesiger Grizzly vor einem steht oder eine Bärin mit ihren Jungen auf dich zuhält, um bei dir Schutz zu suchen; wie es ist, wenn man die Angel kaum ins Wasser werfen kann, bevor der erste Fisch schon beißt, oder wenn man es mit liebestollen Elchweibchen zu tun bekommt.

Irgendwann, als Erik vielleicht fünf Jahre alt war, begann er immer wieder zu fragen: »Papa, wann darf ich mit nach Alaska?« Ich erklärte ihm, dass er noch warten müsse. Als er sieben war, fuhren wir mit dem Kanu und einem Zelt zusammen den Rhein hinunter, nur er und ich, völlig auf uns allein gestellt.

Ich weiß noch, wie wir ablegten und Eriks Großeltern, die uns hingebracht hatten, noch ein ganzes Stück mit dem Auto neben uns herfuhren. Sie waren etwas besorgt und passten uns schließlich nach vier, fünf Stunden noch einmal an einer Brücke ab, um Erik zu fragen, ob er nicht doch lieber wieder mit nach Hause wolle. Für ihn kam das jedoch überhaupt nicht in Frage. Ich selbst war ziemlich aufgeregt und zum Teil angespannter, als ich es bei meinen Fahrten in Alaska bin, denn der Rhein hat es in sich, vor allem das Stück unterhalb Basels, wo Wildwasserstufe vier herrscht. Ich hatte keine Ahnung, wie Erik mit den Gegebenheiten der Reise umgehen würde, zumal wir versuchen wollten, möglichst autark zu leben: Wir würden im Zelt schlafen, Fische fangen, viel paddeln.

Als wir nach neun Tagen in Koblenz ankamen, hatten wir einige heikle Situationen gemeistert. Mehrmals wären wir fast gekentert. Auf der Strecke zwischen Schaffhausen und Basel gibt es viele große Wasserkraftwerke, so dass wir das Kanu immer wieder umtragen mussten. Das Schwierigste dabei war der Moment, wenn wir das Boot wieder ein-

Tierwelt, grandiose Landschaft und unendliche Weite sind ein Teil des Reizes, den Alaska für mich ausmacht.

setzen. Oft brodelte und schäumte das Wasser so heftig, dass es ein kleines Abenteuer war, trocken ins Kanu zu kommen. Später auf dem unteren Rhein begegneten wir immer wieder Schnellbooten, die zum Teil eine so große Heckwelle erzeugten, dass wir mit unserem Kanu fast Kopf standen. Immer wieder fragte ich Erik nervös, ob seine Schwimmweste wirklich fest sitze, während er ganz entspannt war – das beeindruckte mich sehr.

Bei unserer Ankunft wartete Birgit, meine Frau, bereits mit dem Auto auf uns. Sie war froh, ihren Sohn wiederzuhaben, und fragte Erik als Erstes, ob er sie vermisst habe. Seine schlichte Antwort: »Nö.« Für mich war danach klar: Mit dem Jungen kannst du so was machen.

Man muss das wirklich nüchtern abwägen, denn nicht jeder ist einer Reise in die Wildnis gewachsen. Ich habe Freunde, die schon deshalb niemals mitfahren würden, weil sie nicht regelmäßig duschen können, anderen wäre das Essen zu eintönig, oder sie ertragen die Kälte nicht oder die Ruhe oder die Unsicherheit, im Notfall auf sich allein gestellt zu sein.

Zwei Jahre später fragte ich Birgit, ob sie sich vorstellen könne, dass ich Erik in diesem Sommer mitnehme. Sie sagte nicht gleich Nein, und das ist bei ihr schon ein Ja. Wir besprachen, dass ich Erik in Alaska unterrichten könnte, so dass er nicht zu viel Unterrichtsstoff verpassen würde, aber natürlich müsste auch die Schule mitspielen – das tat sie. »Nehmen Sie den Jungen bloß mit!«, sagte die Klassenlehrerin und sprach gleich mit dem Direktor, der ebenfalls zustimmte. Als dann noch das Okay des Ministeriums kam, wurden unsere Pläne auf einmal sehr konkret.

Am 31. Mai sollten wir fliegen, die Aufregung kam einige Tage früher. Erik suchte seine Schulsachen zusammen, Hörspielkassetten, ein Malbuch. Gemeinsam wählten wir Bücher für ihn aus: *Tom Sawyer, Die Schatzinsel, Robinson Crusoe, Der Seewolf* und *Die 13 1/2 Leben des Käpt'n Blaubär*. Noch wichtiger fand Erik, dass wir ein paar andere Dinge einpackten: eine Pistole, genug Munition, Leuchtraketen, Angelzeug in ausreichender Menge (Ruten, Haken, Blinker, Fliegen), verschiedene Rollen, Schnüre in unterschiedlichen Stärken, Gummistiefel, meine alte Goldwäscherpfanne, seine Baseball-Kappe. Für ihn die klassischen Symbole für eine Reise in die Wildnis.

Grizzlys in freier Wildbahn aus der Nähe zu beobachten ist ein unvergessliches Erlebnis.

2. KAPITEL

DAS ERSTE MAL: DIE STUNDE DER BÄRIN

Beeindruckende Akteure vor
atemberaubender Kulisse

Wenn die Lachse da sind, ist der Tisch überreich gedeckt – nicht nur für die Bären.

Direktflug Frankfurt – Anchorage. Erik blättert in seinen Schulheften, hört Kassette, schaut aus dem Fenster. Wir unterhalten uns über die kommenden Monate, und Erik will von mir wissen, wie denn meine erste Begegnung mit einem Bären war. Ich habe ihm die Geschichte schon oft erzählt, aber ich erzähle sie noch einmal, denn hier gehört sie hin.

Ich war damals in China als Forstberater der chinesischen Regierung in einem Waldgebiet an der Grenze zu Sibirien unterwegs, und das Bild, das ich von Bären hatte, stammte aus meiner Kindheit in der DDR. Auf der einen Seite gab es die Geschichten vom lieben treuäugigen Mischa Kugelrund, der immer lustig war, auf Bäume kletterte, um Honig zu naschen, und an den man sich am liebsten ankuscheln wollte. Auf der anderen Seite gab es das große verschlagene Raubtier, das die Kadaver der gefallenen Soldaten fraß. Ich hatte also keine Ahnung. Und nun lief ich durch dieses riesige chinesische Waldgebiet und traf ganz unvermittelt auf den ersten Bären meines Lebens in freier Wildbahn. Er war vielleicht zwanzig Meter von mir entfernt und erschrak genauso wie ich. Er starrte mich an, und ich starrte ihn an – das Dümmste, was man tun kann, denn für einen Bären bedeutet es eine Provokation, wenn man ihm direkt in die Augen schaut. Aber das wusste ich damals noch nicht. Mit langsamen Schritten ging ich rückwärts – der nächste Fehler, denn der Bär folgte mir mit wiegendem Gang in dem gleichen Tempo. Es war ein riesiges Tier mit einem gewaltigen Kopf, und seine kleinen Knopfaugen fixierten mich unverwandt.

Viel zu spät merkte ich, dass sich hinter mir eine Felswand befand, ich kam also nicht mehr weiter. Der Bär schon, Prankenschritt für Prankenschritt. Ich hob mein Gewehr und zielte mit zitternden Händen, hin- und hergerissen, ob ich tatsächlich schießen sollte oder nicht. Gerade als ich seinen Kopf ins Visier nahm und abdrücken wollte, bewegte sich etwas im Gebüsch. Zwei Jungbären tauchten auf. Auch das noch: Ich hielt gerade auf eine Mutter an. Gelähmt stand ich da, unfähig zu schießen, und die Bärin kam immer näher. Meine Angst verwandelte sich in Panik und ich wusste mir nicht anders zu helfen, als mich auf den Boden zu werfen, mich zusammenzurollen und die Hände schützend in den Nacken zu legen. Die Bärin war über mir. In Todesangst hörte ich ihr Schnaufen, spürte ihren Atem im Nacken, auf meinen Armen, auf dem Rücken. Sie schnupperte an mir herum. Dann plötzlich drehte sie einfach wieder ab und ging zurück zu ihren Jungen.

Vorsichtig hob ich den Kopf. Auch sie drehte sich noch einmal zu mir um und verschwand dann mit ihrem Nachwuchs in den Büschen.

Bei den Grizzlys ist man nie vor unliebsamen Überraschungen sicher.

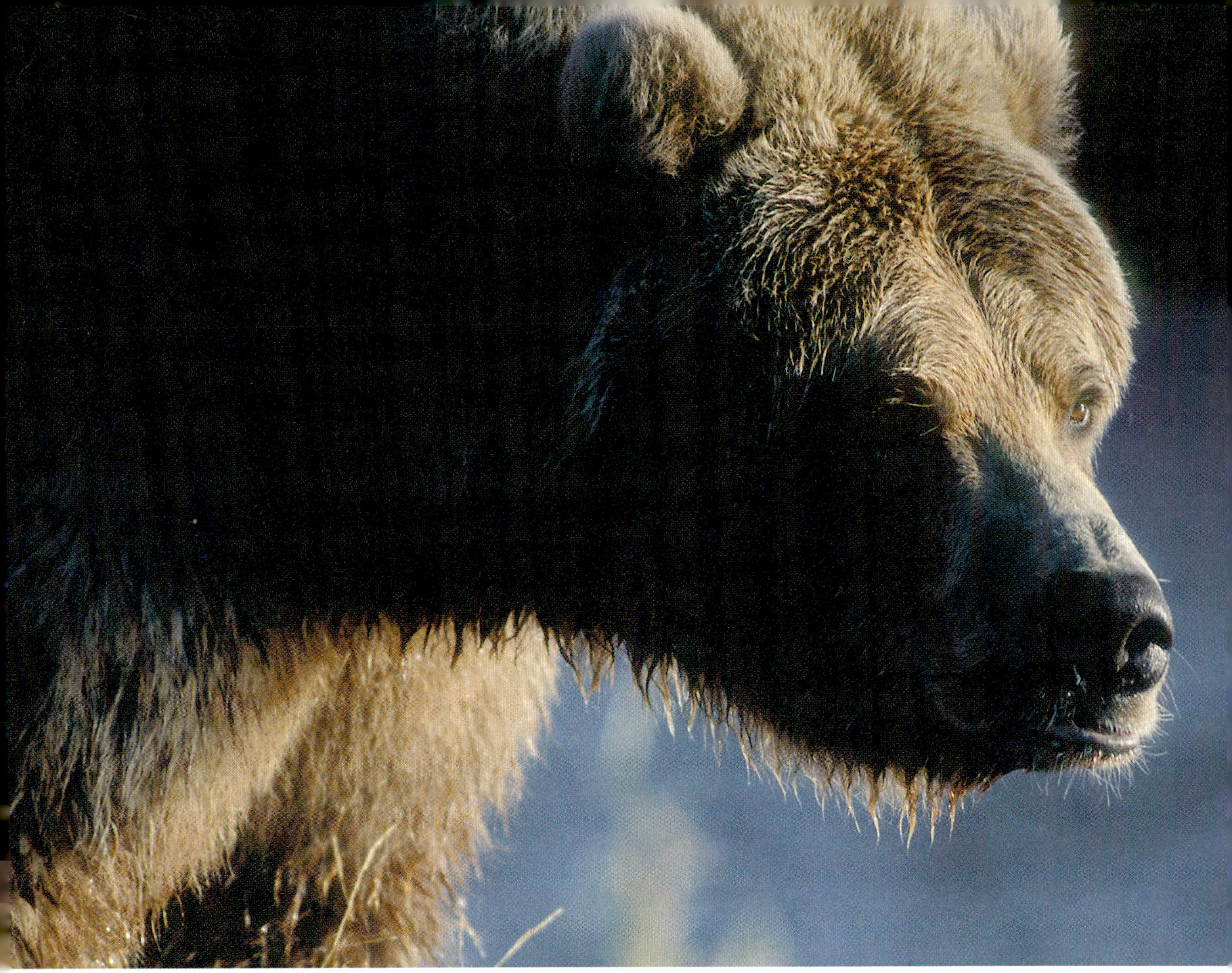

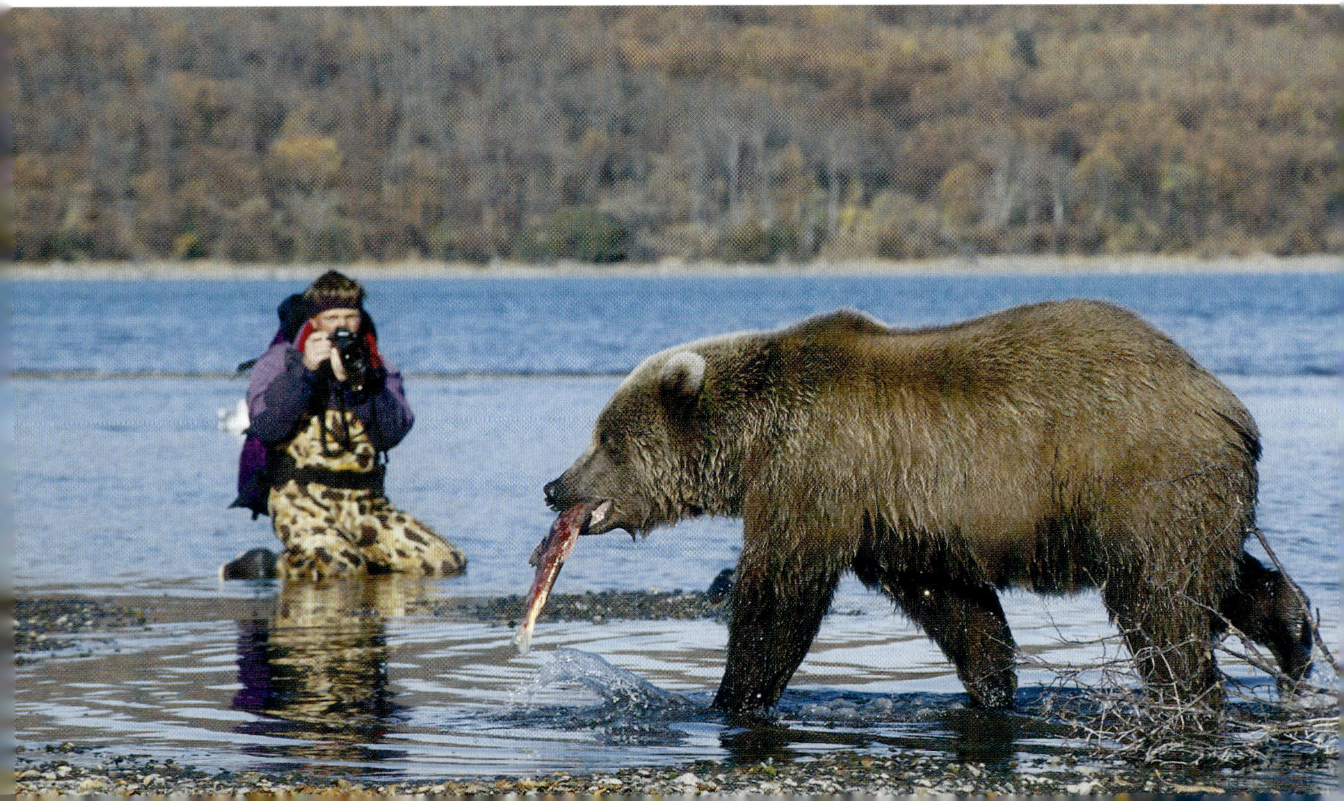

Als ich endlich verstand, was da gerade passiert war, dass ich nicht gefressen worden und die Gefahr vorüber war, entlud sich meine Angst und Erregung, und ich musste mich übergeben.

Aus zehntausend Metern Höhe sehen wir den Nordpol im leichten Nebel, Erik presst die Nase ans Fenster. Jetzt dauert es nicht mehr lange.

Meinen Respekt gegenüber den Bären habe ich seit dem Erlebnis in China nicht verloren, aber alles andere hat sich mit der Zeit zurechtgerückt. Seit vielen Jahren treffe ich in Alaska dieselben Tiere wieder, ich hatte die Möglichkeit, sie genau zu studieren, und wir begegnen uns heute mit einem gewissen Vertrauen: Man kennt sich. Jungtiere, die ich vor ein paar Jahren gesehen habe, sind heute geschlechtsreife Alttiere; Bärinnen, die ich in einem Jahr bei der Paarung gefilmt habe, kommen im nächsten mit ihrem Nachwuchs wieder. Manche Bärenfamilien erlebe ich bereits in der dritten Generation. Nun bin ich gespannt, wie Erik auf die Grizzlys reagieren wird. Und sie auf ihn.

Die Beute wird fixiert ...
und gleich darauf gepackt
und verschlungen.

3. KAPITEL

EINE WELT MIT ANDEREN DIMENSIONEN

In schwerer See an der Aleutenküste

Nach zehn Stunden Flug erreichen wir Anchorage. Mit staunenden Blicken geht Erik durch den Eingangsbereich des Flughafens, wo Alaska mit allem protzt, was es zu bieten hat. Hinter Glas stehen da ein aufgerichteter Eisbär, der den Besuchern seine Krallen zeigt, mehrere Grizzlys, Moschusochsen, Elche, Biber, ein Heilbutt, der als der größte je gefangene seiner Art bezeichnet wird. Erik ist beeindruckt, ich glaube, er bekommt zum ersten Mal eine Ahnung davon, wie stark sich dieses Land von seiner Heimat unterscheidet: Es ist in allem größer, überdimensioniert. Von Anchorage aus werden wir weiter in die kleine Hafenstadt Homer fahren und dann mit dem Boot in Richtung Aleutenküste im Südwesten Alaskas segeln. Am Anfang dieser langen Inselkette, zwischen der Kamishak-Bay und Chignik, werden wir die nächsten Monate verbringen. Aber noch haben wir in Anchorage zu tun: Ich besorge mir eine Jagdlizenz und Angellizenzen für Erik und mich. Die für Erik ist umsonst, was der Junge kaum glauben kann, er strahlt – ein kostenloser Angelschein ist in seinen Augen wesentlich wertvoller als einer, für den man zahlen muss.

In einem riesigen Supermarkt, der vom Jagdgewehr bis zu Corn-
flakes fast jedes Produkt führt, kaufen wir ein: Proviant für drei Monate,
und das ist eine solche Menge, dass am Ende nicht nur Erik staunt, sondern auch alle anderen hier im Laden. Und wenn sich Amerikaner über
große Mengen Lebensmittel wundern, heißt das etwas. In unserem
riesigen Einkaufswagen stapeln sich Dosen, Tüten und Pakete: Nudeln,
Müsli, Pfannkuchenpulver, Tomatenpaste, Tee, Kakao, Milchpulver,
Schokolade, Schokoriegel und amerikanisches Brot, das so voller Kon-
servierungsstoffe ist, dass es sich jahrelang hält. Es sind also vor allem
jede Menge Kohlehydrate und Fette, die wir einkaufen, denn da draußen
verbrennt der Körper die Kalorien dreimal so schnell. Obst und Gemüse
dagegen kommen extrem kurz. Sie nehmen zu viel Platz weg, sind leicht
verderblich und bringen nicht die schnelle Energie, die wir brauchen
werden. Immerhin haben wir Vitamintabletten dabei.

Es liegt noch Schnee in den Bergen Alaskas, als wir schließlich mit
dem Truck eines Freundes von Anchorage nach Homer fahren. Hinten
auf dem Trailer steht *Tardis*, mein Segelboot, das in den nächsten Monaten neben dem Zelt unsere wichtigste Unterkunft sein wird: 2,5 Tonnen Gewicht, die über die Pässe zu schleppen sind, so dass wir nur
mühsam vorankommen; aber das Wichtigste ist, dass Track und Trailer
durchhalten, und gegen Mitternacht erreichen wir Homer. Noch einmal
müssen wir uns für ein paar Tage in der Zivilisation aufhalten, denn
am Boot sind einige Arbeiten nötig: Mit der Elektrik stimmt was nicht,
und mir bleibt nichts anderes übrig, als eine neue Leitung zu verlegen;

Wir verlassen Homer.

den Motor gebe ich in die Inspektion, der Mast muss gesetzt werden – im letzten Jahr war ich dabei für einen Moment unvorsichtig und wurde prompt k.o. geschlagen.

Auch Erik ist beschäftigt. Er hatte schon zu Hause beschlossen, dass das Fischen eine große Rolle auf unserer Reise spielen würde, und nun sitzt er am Kai und wirft zum ersten Mal die Lachsrute aus. Vier Stunden später hat er einen Biss. Ein anderer Angler stellt sich hinter Erik und legt die Arme um seine Hüften, damit der Junge nicht ins Wasser gezogen wird. Tatsächlich zieht Erik einen ziemlichen Brocken an Land: einen 25 Pfund schweren Königslachs. Der Junge strahlt. Wenig später schreibt er eine seiner ersten Eintragungen in ein kleines Heft: *Liebes Tagebuch, heute habe ich meinen ersten Lachs gefangen. Es war ein Königslachs. Wir werden fünf Tage davon essen.*

An einem Freitagabend sind wir fertig, warten aber nach alter Seglerregel – Laufe nie an einem Freitag aus! – bis kurz nach Mitternacht, bevor wir starten. Es liegt eine Seereise von drei bis vier Tagen vor uns, allein die Ausfahrt aus dem Hafen dauert drei Stunden, aber die wirklich schwierigen Passagen kommen später. Wir müssen durch die enge Shelikofstraße segeln, die zu den gefährlichsten Routen weltweit gehört und als Kap Hoorn des Nordens gilt. Zwei Ozeane prallen hier mit verschiedenen Wassertemperaturen aufeinander; die relativ milde Luft des Nord-Pazifik trifft auf die eisigen Winde des Beringmeers, und im Gegensatz zu Kap Hoorn hat das Seegebiet hier oben zusätzlich einen extrem hohen Tidenhub: Zwischen Ebbe und Flut liegen bis zu zehn Metern Unterschied. Neun spektakuläre Stürme pro Jahr sind die Folge und gewaltige Gezeitenströme. Bei meinen ersten Reisen auf die Aleuten habe ich mich deshalb noch mit einem Wasserflugzeug einfliegen lassen, aber ich fühlte mich dabei immer ein bisschen abhängig. Es konnte vorkommen, dass ich in einem Fjord feststeckte und tagelang warten musste, bis mich der Flieger abholte. Und die Piloten selbst waren davon auch nicht gerade begeistert, obwohl sie ein kleines Vermögen an mir verdienten. Ein blauer Himmel kann hier so schnell mit lilagrauen Wolken verhangen sein, dass selbst die Einheimischen auf die Frage, wie denn das Wetter wird, antworten: Frag mich in einer Stunde noch einmal. Und noch während der Hinflüge waren sich die Piloten unsicher, ob sie mich auch wirklich in meinem Zielgebiet absetzen könnten oder aufgrund der schwierigen Verhältnisse wieder umdrehen müssten.

Das Segelboot ist der Inbegriff von Freiheit. Man ist autark, weder von Treibstoff noch von der Hilfe anderer abhängig, und das Schiff bietet einem ein ganz anderes Zuhause, eine andere Sicherheit als ein Zelt.

Die Zivilisation werden wir nun drei Monate nicht wiedersehen.

29

*Die wild zerklüftete Küsten-
landschaft*

*Tardis vor Anker in einem
der vielen Fjorde*

So wagte ich mich schließlich trotz aller Warnungen an die Überfahrt. Ich hatte keine Angst vor dem Wasser, denn ich besaß Erfahrung mit diesem Element: Bereits mit siebzehn Jahren war ich für drei Jahre zur See gefahren, zunächst als Hochseefischer auf einem 5000-Tonnen-Schiff, mit dem wir von Bremerhaven nach Labrador fuhren, um dort Rotbarsch, Kabeljau und Seelachs zu fangen – der härteste Job der Welt. Die Besatzung ist prozentual am Fangerlös beteiligt und jeder arbeitet dementsprechend wie ein Tier – ich als kleiner Deckjunge wurde angetrieben, genauso brutal zu schuften wie die Alten, sie ließen mich nicht einmal schlafen. Nach drei Monaten war ich vollkommen erledigt und wechselte zur Handelsschifffahrt. Ich heuerte bei den Deutschen Afrika-Linien an – und kam mir vor wie auf einem Musikdampfer: Jeder hatte seine eigene Kammer, es gab ein Schwimmbad auf dem Schiff, wir reisten in tropische Länder, nach Australien, Südostasien, an die Ostküste Afrikas – ein einziger großer Rausch. Es war kaum ein Jahr her, dass ich aus der DDR geflohen war. Ich war sechzehnjährig von der Tschechoslowakei aus durch die Donau nach Österreich geschwommen und auf den letzten Metern noch angeschossen worden, so dass ich mich kaum ins nächste Dorf schleppen konnte. Der einzige Verwandte, den ich in Westdeutschland hatte, war mein Großvater, der kurz nach meiner Ankunft starb. So stürzte ich mich auf See also ins Abenteuer.

Und nun beginnt eine andere große Reise, und sie beginnt überaus stimmungsvoll. Homer liegt 59 Grad nördlich, und Ende Mai wird es mitten in der Nacht schon nicht mehr richtig dunkel. So fahren wir bei ruhiger See in einem zarten Dämmerlicht aus dem Hafen und lassen die ohnehin nur spärliche Zivilisation schon nach kurzer Zeit hinter uns. Die letzten Fischerboote verschwinden, dafür sehen wir bald mitten im Meer einen riesigen Felsen, auf dem etliche große Seelöwen liegen. Die Steller'schen Seelöwen, die man in Alaska findet, sind wahre Giganten und viermal so groß wie ihre bekannteren kalifornischen Artgenossen. Früher gab es Hunderttausende von ihnen vor der Aleutenküste, heute dagegen sieht man sie nur noch selten: Wir segeln mehrmals um die Kolonie herum, blicken durch die Ferngläser, entdecken einige große Bullen mit ihren angedeuteten Löwenmähnen – und laufen vor lauter Schauen fast auf ein Riff auf.

Nicht viel später taucht ganz in unserer Nähe eine große schwarz glänzende Flosse aus dem Wasser auf und in einer sanften Kurve wieder unter, es folgt eine riesige Schwanzflosse, die sich weich in der Luft biegt. Erik ruft begeistert: »Guck mal, Papa, da ist ein Wal!« Tatsächlich,

Ein Buckelwal begleitet uns ein Stück

nicht nur einer, sondern sogar zwei Buckelwale, die nun neugierig näher kommen und schließlich direkt neben unserem Boot schwimmen.

Erik hört nicht auf zu staunen, und obwohl ich schon viele Wale gesehen habe, geht es mir genauso. Mit der ganzen Wucht ihrer riesigen Körper mischen die Tiere das Meer auf, als wollten sie es umgraben. Um sie herum spritzt es, es bilden sich Wellen, und wenn sie ausatmen, schießen Fontänen aus Öl und Wasser in die Luft. Einer der beiden kommt jetzt weit aus dem Wasser – wie sehen seinen Kopf, den Bauch, den halben Wal und entdecken die prägnanten Brustflossen, die allein schon bis zu vier Meter lang werden können und die Buckelwale von anderen Arten unterscheiden. Der Riese lässt sich auf den Rücken fallen, taucht wieder unter. Er ist sicher dreimal so lang wie unser Boot. Erik will wissen, wie viel er wohl wiegt. Ich schätze ihn auf dreißig Tonnen. Erik fragt: »Woher kommen die Wale eigentlich?«

Ohne sich dessen bewusst zu sein, leitet der Junge in diesem Moment einen Fragemarathon ein, der in den kommenden Monaten nicht aufhören wird. An sich ist das eine großartige Sache: Wann werde ich wieder die Gelegenheit haben, ihm so viel zu zeigen, zu erklären? Ihm so nah zu sein? Aber nach sechs Jahren Alaska, in denen ich zum großen Teil allein unterwegs war und meine anspruchsvollsten Gesprächspartner die Grizzlys waren, ist diese neue Rolle für mich auch fordernd, zumal ein Kind ja die gleiche Frage wieder und wieder stellt. Und es wird Tage geben, an denen ich mir wünsche, auch mal fragen zu dürfen, derjenige zu sein, der die Geschichten erzählt bekommt.

Ich erkläre Erik, dass die Wale den Winter vor der Küste Hawaiis verbracht haben, um sich dort zu paaren und ihre Jungen zu gebären. Zu Beginn des Sommers ziehen sie den ganzen langen Weg hoch nach Alaska, um von dem hiesigen Nahrungsreichtum zu profitieren. In dreieinhalb bis vier Sommermonaten fressen sie sich ein ordentliches Speckpolster an, von dem sie im Winter zehren können. Da die Buckelwale nicht besonders schnell sind und höchstens zehn Kilometer in der Stunde zurücklegen, ist es von Hawaii nach Alaska eine lange, mühsame Reise.

»Und die Walbabys, fressen die auch schon Fisch?«

»Die Kälber bekommen von der Mutter Milch zu trinken, die so fettreich ist, dass es ein Wunder ist, dass sie überhaupt noch fließt. Vierzig bis sechzig Prozent Fett sind da drin, die reine Sahne.«

»Und wie viel trinken die Kälber davon?«

»Hundertsiebzig Liter am Tag, kannst du dir das vorstellen? Das sind hundertsiebzig Tüten Milch.«

»Hundertsiebzig Tüten!«

Erik ist in einer ganz besonderen Stimmung, auf der einen Seite

Unter vollen Segeln entlang der Aleutenküste

35

euphorisch und neugierig, auf der anderen angespannt und leicht nervös; ich versuche, möglichst viel Ruhe auszustrahlen, und es scheint, als würde sie sich auf den Jungen übertragen. Noch lange stehen wir an Deck und schauen gemeinsam auf das Meer hinaus, bevor Erik spät in der Nacht schlafen geht.

Am nächsten Morgen gegen sieben Uhr wird die See rauer. Erik schläft noch, während ich eine kleinere Fock setze. Um neun Uhr wacht er auf, kommt an Deck – und muss sich sofort übergeben. Mit allem hätte ich gerechnet, nur nicht damit, dass der Junge seekrank wird! Wie oft waren wir in einem kleinen Motorboot auf der Ostsee zum Dorsche-Angeln? Wenn da die Wellen kamen, wurde fast jeder seekrank; nicht so Erik. Nun übergibt er sich jede halbe Stunde. Er möchte eine Cola trinken, die ich ihm liebend gern geben würde, aber ich habe keine. Meine Frau Birgit hat mir zwar einen riesigen Beutel mit Medikamenten gegeben, aber etwas gegen Seekrankheit ist nicht dabei. Ich mache Erik schwarzen Tee, aber zehn Minuten später ist er wieder draußen, um sich zu übergeben.

Es ist Mittag und wir haben nun die Shelikofstraße erreicht. Eigentlich eine wunderschöne Landschaft, durch die wir hier segeln. Auf der Steuerbord-Seite liegt Alaskas Katmai-Küste. Das schneebedeckte Küstengebirge leuchtet weiß, Gletscher ziehen sich bis ans Meer herunter. Aber Erik hat keine Augen dafür, er ist regelrecht apathisch, will nur liegen, obwohl das eigentlich das Schlechteste ist; besser wäre es, den Blick auf den Horizont zu richten. Ich selbst muss mich aufs Steuern konzentrieren. Jeder dritte Berg hier ist ein Vulkan, erloschen oder noch aktiv, und durch die vielen See- und Erdbeben entstehen immer wieder neue Riffe, die längst nicht alle auf den Seekarten verzeichnet sind. An manchen Stellen ist das Meer nur drei bis vier Meter tief, der befahrbare Abschnitt kaum dreißig Meter breit. Wenn man da nicht aufpasst, kann man ziemliche Probleme bekommen.

Eigentlich hatte ich geplant, bis zu unserem ersten Stopp noch ein gutes Stück weiter zu segeln. Von Homer aus wollten wir unseren ersten geplanten Zielort in drei bis vier Tagen erreichen, aber bei Eriks momentaner Verfassung scheint es mir sinnvoller, möglichst schnell in ruhigere Gewässer zu fahren. Gegen Abend kommen wir in eine große Lagune, wo wir einen ruhigen Ankerplatz für die Nacht finden. Erschöpft fallen wir beide in tiefen Schlaf, auch Erik wacht erst wieder am nächsten Morgen auf, dann allerdings, um sich erneut zu übergeben. Die Prophezeiung meiner Frau fällt mir wieder ein: Spätestens in drei Wochen werde der Junge Heimweh bekommen. Ich musste ihr versprechen, dass wir die Reise sofort abbrechen würden, wenn das geschähe. Nun sind wir gerade mal eine Woche von zu Hause weg, und es geht ihm

richtig schlecht. Doch selbst in diesem Zustand ist er nicht selbstmit-
leidig, jammert nicht, beklagt sich nicht.

Der Junge muss an Land. Ohne dass er viel davon mitbekommt,
erreichen wir bald die Aleutenküste. Mit dem rot-schwarzen Schlauch-
kanu, das ich seit Jahren dabeihabe, fahren wir an die Küste, die dicht
mit Weidenbüschen bewachsen ist. Wir suchen uns einen Weg durchs
Gestrüpp, aber Erik ist so schwach, dass er kaum dreihundert Meter
durchhält und sich auf einen Baumstamm setzen muss. Dort hocken
wir nun, als in der Ferne ein Bär auftaucht. Eriks erster Bär – diesen
Moment hätten wir uns beide anders vorgestellt. Wir schauen dem Tier
beim Grasen zu, aber der Junge ist nur mäßig interessiert, ihm geht es
immer noch ziemlich schlecht. Als es kurz darauf zu regnen beginnt
und starker Wind aufkommt, paddeln wir zum Boot zurück. Kurz bevor
wir es erreichen, sagt Erik: »Vielleicht war meine Seekrankheit das Opfer,
das wir Neptun bringen müssen.«

Ein Opfer für Neptun, den Gott des Meeres – ich habe keine Ahnung,
wie er darauf kommt, aber ich bin unendlich erleichtert. Mir ist klar, dass
er das Schlimmste überstanden hat, wenn er wieder solche Sprüche
macht. An Bord koche ich ihm Spaghetti mit Tomatensoße, er isst einen
ganzen Teller davon und behält alles bei sich. Obwohl es in den nächsten Tagen stürmt und so stark regnet, dass wir auf dem Boot Töpfe auf-
stellen müssen, um das Wasser aufzufangen, erleidet Erik keinen
Rückfall.

4. KAPITEL

AUF DEN SPUREN DER BÄREN

Wir können unsere Reise also fortsetzen, oder besser: die Reise der Bären, denn sie sind es, die uns den Weg vorgeben. Immer wieder wundern sich die Leute: Wie findet der bloß seine Bären wieder? Ehrlich gesagt habe ich mich das in den ersten Jahren auch gefragt, wenn ich mich wieder auf die Suche nach den Grizzlys machte. Das Gebiet, in dem wir unterwegs sind, ist so groß wie Nordrheinwestfalen und Bayern zusammen, mit einer Bärenpopulation von schätzungsweise fünfhundert Tieren. Weil das Land so schroff ist und die Bedingungen so hart, dass kein Mensch hier leben will, bekommen die Grizzlys auch heute noch den Platz, den sie brauchen: bis zu 250 Quadratkilometer pro Tier. Die Tatsache, dass Bären solitär leben, in der Regel also allein unterwegs sind, macht die Suche nach ihnen nicht leichter.

Es gab Zeiten, in denen ich mehrere Wochen in Alaska unterwegs war, ohne auch nur einen einzigen Grizzly zu sehen. Man muss sich nur vorstellen, man wolle dreihundert Menschen in Bayern finden. Das würde nur gelingen, wenn man wüsste, wo sie sich treffen, um ihr Weißbier zu trinken. So auch bei den Bären: Je genauer ich ihre Wanderbewegungen nachvollziehen konnte, desto einfacher wurde es, sie wieder zu finden. In den letzten Jahren habe ich oft erstaunt festgestellt, wie präzise sich die Tiere an ihre eigenen Pläne halten und auf die Woche genau wieder an denselben Stellen auftauchen: auf großen Ebenen, wo sie nach der Winterruhe weiden, das frische Gras fressen und so ihren Verdauungstrakt reinigen; im weiten Watt bestimmter Buchten, wo sie bei Ebbe nach Muscheln graben, der ersten wirklich kräftigenden Mahlzeit des Jahres; an Flüssen, in denen sie die fetten Lachse finden, die sie unbedingt brauchen, um sich die nötigen Reserven für die Winterruhe anzufressen. Wie auch der Mensch ist der Bär ein Allesfresser, dessen Magen ebenso pflanzliche wie tierische Nahrung verarbeiten kann.

Man merkt den Bären auf den Aleuten deutlich an, dass sie sich weitgehend unbeeinflusst von Menschen entwickeln konnten. Bis vor zweihundert Jahren war diese Region teilweise von Gletschern überzogen; erst nachdem diese langsam zurückwichen, wurde dort ein Leben möglich, aber es blieb beschwerlich: Immer wieder gab es große Vulkanausbrüche, dazu kam das feuchte und windige Klima – das machte das Land nicht gerade attraktiv. Die wenigen Einwohner bauten ihre Häuser zum Teil unter der Erde, um nicht den ständigen Stürmen ausgesetzt zu sein. Jäger, die anderen Regionen Alaskas massiv zusetzten, tauchten auf den Aleuten nur selten auf – ein Umstand, der für mich große Bedeutung hat. Nur so kann ich ganze Populationen ungestört über Jahre beobachten. Nur deshalb begegnen mir die meisten Tiere angstfrei und unvoreingenommen.

Bären sind Energiesparer. Bei ihren Wanderungen treten sie tiefe Wechsel aus.

*Der Schädel eines mächtigen
Bären.
Vom Boot aus halte ich
nach lebenden Exemplaren
Ausschau.*

Bei unserem nächsten Landgang stoßen wir nicht weit vom Ufer entfernt auf einen Baum, der bereits deutlich von Bären bearbeitet worden ist. Am Boden sind riesige Fußabdrücke zu erkennen, es riecht nach Harn, und noch in drei Metern Höhe entdecke ich an einem abgebrochenen Ast Haare. Der Bär, der sich hier den Rücken gescheuert hat, muss ein ziemlicher Brocken sein. Obwohl sie ohnehin schon die größten Landraubtiere der Erde sind, werden die Braunbären in der kargen Landschaft der Aleuten besonders riesig, denn das Land beziehungsweise das Meer und die Flüsse bringen ihnen Nahrung im Überfluss, so dass ausgewachsene Männchen im Herbst bis zu einer Tonne wiegen können.

»Eine Tonne?« Erik kann sich nichts darunter vorstellen. Erst als ich ihm sage, dass das so viel ist wie ein VW Käfer, schaut er mich ehrfürchtig an. Kurz darauf finden wir einen weiteren Beweis für die Größe der Grizzlys: Vor uns liegt ein frischer Kothaufen mit den Ausmaßen eines Maulwurfshügels. Aber keine Spur von dem Tier.

Am nächsten Tag erreichen wir mit dem Segelboot eine meiner Lieblingsstellen. Wir fahren in eine Lagune ein, hinter der sich große Salzgraswiesen befinden, die bereits kräftig grün leuchten. Im Landesinneren dagegen ist es noch karg und braun; eben erst öffnen sich die ersten Knospen. Am Horizont stehen ein Vulkan und gewaltige schneebedeckte Berge, von denen sich ein Riesengletscher bis zum Meer herunter zieht.

Wir sind kaum angekommen, als wir die ersten Bären sehen: Auf der Wiese grast ein Weibchen mit zwei Jungen. Erik und ich bewegen uns im Zickzackkurs auf sie zu. Auf diese Weise verschleiern wir unsere eigene Richtung; die Tiere nehmen nicht wahr, dass wir uns ihnen nähern, fühlen sich also auch nicht bedroht. Laut miteinander sprechend machen wir auf uns aufmerksam, denn für die Bären sind Geruch und Stimme die entscheidenden Merkmale, nach denen sie andere Wesen beurteilen: Ist mir der wohlgesonnen, oder will er mich angreifen? Ist er ein Freund oder Fremder? Es regnet in Strömen, wir sind inzwischen auf vierzig Meter Entfernung an die Bären herangekommen, und die Mutter hebt kurz ihren Kopf, um dann weiter Seegras zu fressen.

Bären haben ein hervorragendes Erinnerungsvermögen, und offenbar erkennt mich dieser hier wieder. Mir kommt er ebenfalls bekannt vor. Ich habe in Alaska immer ein Buch dabei, klein genug, dass es in die Hosentasche passt, in das ich jeden Bären wie in einer Verbrecherkartei mit einem Steckbrief eintrage. Inzwischen kleben hundertfünfzig Fotos darin, fast alles Nahaufnahmen, auf denen die einzelnen

42

Tiere genau zu erkennen sind. Mit einiger Übung kann man sie sehr gut auseinander halten: Ist der Abstand zwischen den Augen groß oder klein? Welche Stellung haben die Ohren? Wie groß sind sie? Wie lang ist die Schnauze? Ist das Fell hellbraun, dunkelbraun, grau oder vielleicht silbrig?

Zusammen mit Erik suche ich in dem Buch nach der Bärin, die wir da vor uns sehen; wir finden sie auf Fotos aus vier aufeinander folgenden Jahren. Ich staune über Erik, der sehr souverän wirkt und sich den Tieren ohne Scheu nähert, mittlerweile sind wir nur noch fünfundzwanzig Meter von den Grizzlys entfernt. Nach einer Weile scheint der Junge sogar das Interesse zu verlieren, dreht den Bären den Rücken zu, läuft über die Wiese und sucht die vielen kleinen Wasserkanäle nach Stichlingen ab. Mit den Händen versucht er sie zu fangen. Ich habe das Gefühl, mich bei ihm entschuldigen zu müssen. Vielleicht sind die Tiere hier zu präsent? Hätten wir uns tagelang auf die Lauer legen müssen, um endlich mal einen Bären zu sehen, der dann sofort wieder vor uns geflüchtet wäre, wäre das vielleicht etwas anderes gewesen. Oder wirken sie zu harmlos? Sollten sich die großen Herrscher der Küste besser schön wild aufführen?

Prompt kommt Eriks erschütternde Feststellung: »Die fressen Gras!« Nach seiner Vorstellung hätten sie wohl auf einem frisch gerissenen Elch sitzen und sich gegenseitig die Fleischfetzen aus dem Maul reißen sollen. Aber in dem rauen Klima Alaskas sind die Grizzlys wie alle andere Tiere darauf angewiesen, Energie zu sparen, und bewegen

Erik hat Spaß an der Kamera-arbeit mit den Bären.

sich deshalb nicht mehr als nötig. So ist auch der Winterschlaf ein Instrument, das den Grizzlys beim Überleben hilft. Das Futterangebot in der kältesten Jahreszeit ist dürftig: Würden die Bären mitten im Winter in ihren Höhlen aufwachen, würden sie verhungern. Kein Wunder, dass ihre Artgenossen in Zentralalaska, wo es noch wesentlich kälter ist, einen deutlich längeren Winterschlaf halten und dass die Tiere in europäischen Zoos, wo es weder ein Kälte- noch ein Futterproblem gibt, ganz darauf verzichten.

Das Seegras, das die Bären im Frühjahr in großen Mengen fressen, ist sehr eiweiß- und mineralstoffreich, ihre wichtigste Nahrungsquelle zu dieser Zeit. Erik und ich probieren beide davon, der Junge verzieht sein Gesicht. Ich finde, dass es durchaus essbar ist.

Erst später am Abend, als wir wieder auf dem Boot sind und Nudeln mit Tomatensoße essen, sagt Erik, dass er sehr wohl aufgeregt gewesen sei. »Ich hatte ein ziemliches Kribbeln im Bauch! Aber als du mir gesagt hast, dass du die Bärin kennst, ist das Kribbeln sofort verschwunden.« Die Freunde seines Vaters sind offenbar auch Eriks Freunde.

Bärenspuren beeindrucken nicht zuletzt durch ihre Größe.

In den nächsten Tagen kommen immer mehr Bären auf die Salzgras-wiese; die Ebene ist weit, das frische hellgrüne Gras reichlich vorhan-den. Oben in den Bergen haben die Tiere in ihren Höhlen den Winter verbracht, nun ziehen sie hinunter in die Täler. Vielen von ihnen sieht man an, dass sie ziemlich lange geschlafen haben. Ihr Fell hängt weit und schlackernd an ihrem Körper wie ein viel zu großer Mantel, die Krallen sind lang gewachsen. Ihr Kreislauf ist noch nicht wieder richtig in Gang gekommen, und so liegen sie viel im Gras und wirken leicht benommen. In diesem ausgemergelten Zustand ist es manchmal recht schwer, sie wiederzuerkennen.

Erik fragt skeptisch, ob die Bären nicht vielleicht doch Appetit auf ein, zwei nahrhafte Menschen hätten. »Die sind doch total ausgehun-gert!« Das könnte man meinen: Sechs Monate nichts gegessen, nichts getrunken, jetzt müssten die doch ran an den Speck wollen! Genau das Gegenteil ist aber der Fall, die Grizzlys sind zu diesem Zeitpunkt noch viel zu träge. Den Menschen sehen sie ohnehin weder als Beutetier noch als bedrohlichen Feind an. Ich selbst habe das Gefühl, für sie ein neutraler Begleiter zu sein: Da kommt halt wieder dieser Typ mit seinen komischen Geräten. Na gut, und jetzt hat er offensichtlich sein Junges mitgebracht.

Ohne Umschweife akzeptieren die Grizzlys Erik als meinen Sohn. Einerseits erkennen sie, dass er zu mir gehört, andererseits nehmen sie wahr, wie unbekümmert und sorglos er ist, was ihn ganz offensichtlich zu einer Respektperson macht. Erik ist für die Bären, ungeachtet seiner Körpergröße, ein vollwertiges Individuum, dem gegenüber sie sich ge-nau so verhalten wie mir gegenüber: Sie kommen nah, aber überschrei-ten eine gewisse Grenze nicht, sie lassen zu, dass Erik sich nähert, was keineswegs selbstverständlich ist. Mehrmals schon hat mich mein Freund Greg zu den Aleuten begleitet, der Cherokee-Indianer ist und einerseits eine tiefe Verbindung zur Natur hat, andererseits aber auch eine natürliche, gesunde Angst vor den Grizzlys. Die Bären spüren das sofort. Während ich es im Jahr mit ein oder zwei Scheinangriffen zu tun habe, sind es bei ihm sieben oder acht. Das Phänomen kennt jeder: Es werden auch immer die gleichen Leute von Hunden gebissen.

Inzwischen haben sich elf Grizzlys hier versammelt, als hinten im Gebüsch, am Rand der Wiese, eine weitere Bärin mit ihren Jungen auf-taucht, die deutlich nervöser ist als all die anderen Tiere. Ich schaue durch das Fernglas zu ihr hinüber, Erik tut das Gleiche. Kein Zweifel, die Bärin mit ihrem breiten, fast männlichen Kopf ist eine alte Bekannte. Vor allem im letzten Jahr habe ich wochenlang die Kamera vor ihr auf-gebaut, denn so etwas hatte ich noch nie erlebt: In ihrem dritten Wurf hatte sie vier Junge zur Welt gebracht, normal sind zwei. Die Bärin war ziemlich gestresst, was mich nicht überraschte. Ich kenne Bärenmütter, die mit einem Jungen zu richtigen Nervenbündeln werden, und diese hier hatte es mit vier zu tun! Vier Babys wollten gesäugt werden, turnten auf der Mutter herum, zogen an ihren Lefzen, sprangen auf ihren Rücken. Und vier wollten beschützt werden – sicherlich die schwierigste Aufgabe. Vor allem die alten Bärenmännchen machen Jagd auf die Jungbären, töten und fressen sie, selbst wenn sie dabei riskieren, ihren eigenen Nachwuchs zu erwischen.

Es gibt dafür mehrere Erklärungen: Zum einen haben Bären keine natürlichen Feinde, und die Natur verhindert auf diese Weise, dass sich die Art zu stark vermehrt, wobei dies bei Raubtieren eigentlich gar nicht nötig ist, da sich der Bestand über das Nahrungsangebot reguliert. Zum anderen sorgen die Männchen auf diese Weise dafür, dass die Weibchen schneller wieder brünftig werden. Normalerweise geschieht dies nur alle drei Jahre, verlieren die Weibchen aber ihren Nachwuchs, sind sie bereits nach wenigen Wochen wieder empfängnisbereit. Ein dritter Grund ist Kannibalismus. Bären wissen aus Erfahrung, dass ihre Artgenossen sehr nahrhaft sind. Es ist wesentlich effektiver, einen Jungbären zu killen, als zwanzig Fische.

Ich bezweifelte damals, dass alle vier über den Winter kommen würden, und war mir sicher, dass höchstens zwei von ihnen das Erwachsenenalter erreichten. Natürlich hatte ich Erik schon im Vorfeld von der Bärin erzählt, und so beobachtet auch er nun gespannt, wie die Familie aus ihrem Gebüsch herauszieht. Erst die Mutter, dann der erste Jährling, ein zweiter, ein dritter, kein vierter. Aber immerhin: Drei haben das erste Jahr überstanden und ihr Ernährungszustand ist erstaunlich gut. Die Jährlinge stellen sich auf die Hinterbeine, um die Lage besser überblicken zu können. Die Vorderpfoten in der Luft, recken sie den Kopf vor; mit ihren langen Schnauzen, ihren großen Ohren, mit ihren schnellen, unverhohlen neugierigen Blicken wirken sie noch recht kindlich. Die Mutter ist so ängstlich und unruhig, wie ich sie kennen gelernt habe, bleibt eng am Rand der Sträucher, zieht auf und ab, reißt eilig ein Büschel Gras heraus, kaut hektisch, kaum fähig, wirklich etwas zu sich zu nehmen, obwohl dies lebensnotwendig für sie und die Kleinen wäre. In der Regel säugt eine Bärin ihre Jungen zweieinhalb Jahre lang und kümmert sich in dieser Zeit sehr intensiv um ihren Nachwuchs, aber dann ist das behütete Leben von einem Tag auf den anderen vorbei: Die Kleinen werden verjagt und müssen für sich selbst sorgen.

Ich spreche die Bärin an, rufe laut zu ihr hinüber. »Mensch, wie geht's dir? Ich bin's, Andreas! Guck mal, ich hab meinen Sohn dabei.« Was nun passiert, wirkt wie eine Zirkusnummer: Zielstrebig läuft die

Im Inland von Alaska ist das arktische Erdhörnchen ein wichtiges Beutetier der Grizzlys.

Familie quer über die große Wiese genau auf uns zu, weiter und weiter. Erst zehn Meter vor uns macht sie Halt. Wie schon im letzten Jahr sucht die Bärin bewusst meine Nähe. In der Minute verwandelt sie sich, entspannt sich sichtlich.

Ich habe dieses Verhalten schon bei vielen Bärenmüttern erlebt. Irgendwann stellen die Bärinnen fest, dass alte Männchen einen Bogen um mich machen. Während nämlich die meisten Weibchen in diesem abgelegenen Gebiet noch keine schlechten Erfahrungen mit Menschen gemacht haben, sind viele Männchen irgendwann in ihrem langen Leben – sie können bis zu 35 Jahre alt werden – schon mal an einen Jäger geraten. Drei Monate im Jahr darf in Alaska Jagd auf die Bären gemacht werden, und das Fell eines ausgewachsenen Männchens ist eine begehrte Trophäe. Ist ein Grizzly in all der Zeit einmal gejagt worden, wird er sich ewig daran erinnern. Er wird in jedem Menschen eine potenzielle Gefahr sehen und ihm besser aus dem Weg gehen.

Bald tummeln sich auf Anweisung der Mutter drei Halbstarke in unserer Nähe, während sich die Bärin selbst endlich in aller Ruhe dem Seegras widmen kann. Vor allem Erik scheint für die Jungbären höchst interessant zu sein, neugierig kommen sie immer näher, schauen, stellen sich auf, so dass ich Erik bitte, sich sicherheitshalber hinter mich zu stellen. Denn auch wenn die Kleinen keine bösen Absichten haben, ist so ein Prankenschlag nicht zu unterschätzen.

Manche Menschen mögen es leichtsinnig oder sogar unverantwortlich finden, einen neunjährigen Jungen mit in die Wildnis zu nehmen; ich habe keinen Moment darüber nachgedacht. Natürlich bleiben die Bären wilde Tiere, und die größte Gefahr besteht darin, genau dies zu vergessen. Ich würde nicht behaupten, dass ich immer genau weiß, wie die Bären in bestimmten Situationen reagieren, aber ich habe gelernt, einen Scheinangriff von einer ernst gemeinten Attacke zu unterscheiden, ich habe festgestellt, dass ein energisch ausgesprochener Befehl die Bären zum Umkehren bewegen kann, ich weiß, wie weit ich mich ihnen nähern darf, wie ich es vermeide, sie zu reizen, welche Sicherheitsmaßnahmen nötig sind. So hatte ich nie das Gefühl, Erik einem Risiko auszusetzen. Auch meine Frau zweifelte keinen Moment daran, dass ich den Jungen heil nach Hause bringen würde.

Sind die Gefahren in der Wildnis größer als in der Zivilisation? Viele Menschen glauben das, da sie sich weit von den Gesetzmäßigkeiten der Natur entfernt haben und das Unbekannte ihnen nicht geheuer ist. Sie lieben den Wald, aber würden sich nicht trauen, nachts hineinzugehen, weil ihnen schon die Geräusche Angst machen. Oder weil dort irgendeine Gefahr lauern könnte. Mir selbst sind ganz andere Situationen

unheimlich. Allein die Vorstellung, dass meine Söhne in der Großstadt alleine mit dem Fahrrad fahren – ein Horror für mich.

Es regnet und stürmt in den nächsten Tagen, so stark, dass wir kaum an Land gehen. Per Satellitentelefon rufen wir Birgit an – es war eine ihrer Auflagen für die Reise, dass wir uns alle drei Tage meldeten.

»Erik, wie geht es dir?«

»Gut, wir haben schon ganz viele Bären gesehen!«

»Hast du Heimweh?«

»Nö, hab ich nicht.«

Die Bärin mit den vier Jungen, die in typischer Haltung zu mir herüberschauen.

Ein Jahr später mit Erik:
Drei der Jungbären haben
überlebt und sind in einer
ausgesprochen guten
Verfassung.

5. KAPITEL

KANADISCHE TURNSCHUHE
UND JAPANISCHE GLASKUGELN

Erik mit japanischen Fischer-
netzglaskugeln

Am ersten Morgen, an dem es zumindest etwas windstiller wird,
paddeln wir an Land und sichern zuerst das Kanu. Es besteht aus
Gummi, und Bären lieben diesen Geruch, aus irgendeinem Grund zieht
er sie magisch an. Am Ufer liegt jede Menge Treibholz, mit dem wir eine
Stellage bauen. Ich ramme zwei senkrechte Trägerbalken in die Erde,
unten am Fuß beschwert mit weiteren Ästen und dekoriert mit ein paar
Mottenkugeln, die die Bären überhaupt nicht mögen. Erik hilft mir, das
Holz aufzuschichten, und ich erzähle ihm, wie ich vor ein paar Jahren
in Nordalaska zwei Bärenjäger in einem Trekkingboot den Fluss hinunter-
fahren sah, die weniger Glück hatten und offensichtlich auch kein Flick-
zeug dabei: Mitten in der Wildnis musste der eine Mann steuern und
rudern, während der andere im Boot stand und eifrig neue Luft in die
Schläuche pumpte. Auch unsere Stellage ist keine wirkliche Garantie,
um das Boot vor Bären zu schützen. Sie ist vielleicht zwei Meter fünfzig
hoch, und ein Grizzly, der es darauf anlegte, bräuchte sich nur aufzu-
richten und das Kanu mit der Pranke herunterzuwischen, aber die Hal-
terung scheint ihm doch aus irgendeinem Grund suspekt zu sein.

Wir laufen den Strand entlang, um zu schauen, was die Wellen der letzten Tage angespült haben. Wir sehen Tausende von Baumstämmen, die zum Teil vom Wasser völlig rundgedreht sind, aber ihren markanten Geruch behalten haben. »Weißt du, was für ein Baum das ist, Erik? Riech mal dran, das ist eine Zeder.« Zedern gibt es in Alaska nur weit im Südosten, von wo der Baumstamm schwerlich gekommen sein wird, das heißt, er muss schon viele tausend Seemeilen hinter sich haben und ist vielleicht aus Japan oder China, vielleicht aber auch aus British Columbia hierher gespült worden.

Ein alter Eimer, eine Kosmetikdose mit koreanischer Aufschrift, ein Turnschuh aus Kanada, eine russische Wodka-Flasche. Erik kann nicht glauben, dass selbst hier, in dieser unberührten Gegend, so viel Zivilisationsmüll landet. Wir laufen weiter über den feuchten, dunklen Sand, und Erik entdeckt zwischen ein paar Steinen eine Kugel aus grünem Glas, etwa so groß wie ein Basketball, für die uns manche Leute viel Geld zahlen würden. Bis in die 1960er Jahre haben japanische Fischer solche Kugeln als Schwimmer für ihre Fangnetze benutzt. In Europa setzte man für diesen Zweck Kork oder Holz ein, bevor sich hier wie dort Plastik durchsetzte. Damals in Japan schwammen die Kugeln, eingefasst in geflochtene Netze, an der Oberfläche, und es kam immer wieder vor, dass das Seil riss und eine Kugel ins Meer hinausschwamm. Und schwamm und schwamm. Einmal in die Strömung des Pazifiks geraten, drehte sie dort ihre Runden wie in einem großen Strudel mit einem Durchmesser von Tausenden von Kilometern. Unser Fundstück

Naturkunde pur – stundenlang beobachten wir die Bären auf der großen Salzgraswiese.

Wir beobachten die Bären – und sie manchmal auch uns ...

hat also nicht nur einen weiten Weg hinter sich, sondern muss seit über dreißig Jahren im Meer zirkuliert sein. Umso erstaunter sind wir, als wir kurz darauf noch eine zweite, etwas kleinere Kugel finden.

Erik ist nun richtig angestachelt, seine Augen suchen permanent Strand und Hinterland ab, er kniet nieder, weil da irgendetwas hervorblitzt oder dort; er schaut in Felsspalten, zwischen Steine. Später erfahren wir von einer alten Sammlerin auf dem Kodiak-Archipel, dass die große Kugel zu den besonders seltenen Stücken gehört. Offenbar haben wir es den schweren Stürmen im Vorjahr zu verdanken, dass in dieser Saison so viele Kugeln angespült werden. Wir finden in den kommenden Monaten noch einige schöne Exemplare, teilweise mit komplettem Netz, und weitere zwei der seltenen großen. Die Sammlerin hat in ihrem ganzen Leben nur zwei gefunden. Erstaunlicherweise liegen die meisten Fundstücke weit im Landesinneren, oft bis zu zwei Kilometer vom Meer entfernt. Die Stürme müssen gewaltig gewesen sein.

Es ist Mitte Juni in Alaska, und die Bären werden zunehmend agiler. Die Müdigkeit des Winterschlafs ist abgeschüttelt, und vor allem die Männchen drängen darauf, sich fortzupflanzen. Als wir dieses Mal zu der großen Graslandfläche kommen, sehen wir, wie ein Männchen ein Weibchen vor sich her treibt. Auch diesen Bären kenne ich, sein Kopf ist auffallend klein, die Ohren auffallend hell. Das Weibchen, das ein ganzes Stück kleiner ist, scheint seine Annäherungsversuche etwas lästig zu finden. Sie weicht ihm jedes Mal aus, wenn er zu nahe kommt. Immer wieder das gleiche Spiel: Die Bärin läuft voraus, beginnt zu grasen, er hinterher. Sie läuft wieder ein Stück weiter, er folgt. So traben sie irgendwann an uns vorbei, nah genug, dass wir den schnellen Atem des Männchens hören, es ist offenbar erregt.

Schwer zu sagen, wie lange er noch auf diese Weise um sie werben muss. Zwar dauert die Paarungszeit der Grizzlys mehrere Monate, aber ein einzelnes Weibchen ist nur einige Tage lang wirklich brünftig, dass heißt im Östros. Oft vergehen Tage, bis eine Bärin zur Paarung bereit ist – und es wird bei diesem ersten Mal noch nicht zur Befruchtung kommen. Denn im Gegensatz zu anderen Tieren, deren Eisprung in bestimmten Zyklen erfolgt, braucht es bei den Bären eine Initialzündung. Erst wenn ein Weibchen mehrmals begattet worden ist, erfolgt tatsächlich der Eisprung. So ist sichergestellt, dass im entscheidenden Moment auch wirklich ein Männchen in der Nähe ist.

Wenige Tage später können wir dann tatsächlich eine Paarung beobachten. Im hohen Gras steht das Weibchen, fast regungslos, es hat den Kopf gesenkt und das Maul leicht geöffnet; auf ihr hängt das Männchen, dessen Bewegungen beinahe gemächlich sind. Es hat das Kinn auf dem Rücken der Bärin abgelegt, die nun ihren Kopf leicht zurückbiegt und die Augen in seine Richtung dreht. Das macht sie mehrere Male. Nach einer Weile legt sie sich auf den Rücken, während das Männchen über ihr steht, wälzt sich genüsslich und drückt ihm die Vorderpfote ins Fell.

Sollte die Begattung erfolgreich gewesen sein, so wird die befruchtete Eizelle in den nächsten Monaten im Körper des Weibchens ruhen, zunächst ohne sich weiterzuentwickeln. Erst ihr Ernährungszustand im November, unmittelbar vor der Winterruhe, entscheidet darüber, ob ein Embryo daraus wächst. Aus diesem Grund ist es nicht erstaunlich, dass die Bärinnen im Spätsommer, obwohl sie rund und wohl genährt sind und obwohl es in den Flüssen vor Lachsen nur so wimmelt, um jeden einzelnen Fisch kämpfen.

Wir fahren weiter die Küste entlang, segeln zwei Tage, bis wir den nächsten Futterplatz der Grizzlys erreichen, den ich in meinem Logbuch markiert habe. Erik kann es nicht fassen: In zehn Stunden fliegen wir von Deutschland nach Alaska, und nun brauchen wir zwei Tage, um ein Stück an der Küste voranzukommen?

Wenn ich ihm vorher erklärt habe, dass Alaska so groß wie Mitteleuropa ist, war er wenig beeindruckt. Wenn ich von den Bergen geschwärmt habe, die nicht enden, von Buchten, so groß wie ein Meer, hat er mich schweigend angeschaut: Unser Wald in der Eifel ist doch auch unendlich groß! Ich habe versucht, ihm zu vermitteln, dass der Mensch in Alaska verschwindend winzig ist und dass einer, der so winzig ist, in dieser überdimensionierten Welt große Freiheit empfinden kann. Erik fand das interessant, ja, aber staunen tut er erst jetzt.

6. KAPITEL

»DEM GEHST DU BESSER AUS DEM WEG!«

Bärin mit weißem Jungen

Am Abend des zweiten Tags auf See steuern wir die anvisierte Lagune an, die bereits so wenig Wasser hat, dass wir den Boden sehen können. Er ist frei von Steinen, und so fahre ich langsam weiter, bis das Boot auf dem Trockenen liegt. In Kürze wird hier Ebbe sein und der Wasserstand mehr als zehn Meter unter der Höchstmarke liegen. Ich rechne damit, dass schon bald einige Bären im Watt auftauchen werden, denn ohne dass es auf den ersten Blick erkennbar wäre, finden sie im dunklen Schlamm reichlich Nahrung: Krabben, Krebse, vor allem aber Muscheln. Bis heute gibt es kaum Filmaufnahmen von der Muschelsuche der Grizzlys, ich selbst habe sie vor wenigen Jahren zum ersten Mal dabei beobachtet.

Die erste Bärin kommt mit einem Jährling, wenig später erscheint ein altes Männchen. Sobald sie das Watt erreicht haben, beginnen die Tiere zielgerichtet zu graben – durch die feinen Atemlöcher, die die Muscheln mit der Oberfläche verbinden, riechen die Bären ihre Mahlzeit. Mit ein paar Schaufelbewegungen holen die erwachsenen Tiere die Muscheln hoch, nehmen sie zwischen die Krallen, öffnen die Schale sehr geschickt und fressen das Fleisch heraus. Der Jährling versucht das Gleiche. Eigentlich sollte es ihm mit den kleineren Pfoten und schmaleren Krallen wesentlich leichter fallen, aber stattdessen hantiert er so hektisch mit der Muschel, dass er die Schale schließlich vor lauter Aufregung mit den Zähnen knackt und den Inhalt inklusive einer guten Portion Schalen herausschlürft.

Erik und ich suchen uns ebenfalls ein paar Muscheln fürs Abendessen. Zwar sind unsere Nasen längst nicht so sensibel wie die der Bären, aber dafür erkennen wir die Luftlöcher mit den Augen. Nun brauchen wir nur noch an der entsprechenden Stelle zu buddeln. Erik ist begeistert, dass die Methode funktioniert – am Abend werden wir ein leckeres Essen haben.

Während die Bären weitergraben, baut Erik eine Sandburg. Er ist völlig versunken. Mit Schlammbällen bombardiert er die Burg und ich freue mich, dass er so sehr in diesem Land aufgeht. Mit kindlichem Vertrauen nimmt er es ganz und gar an und merkt nicht einmal, dass ich ihn filme. Auf dem kleinen Monitor schaue ich mir die Szene später an, sie wirkt bizarr, unrealistisch: eine endlos weite Wattlandschaft; hundert Meter vor der Kamera allein ein Junge, der mit ernster Miene im Watt spielt, noch einmal hundert Meter weiter mehrere große Bären, die keine Notiz von dem Jungen nehmen, ebenso wenig wie er von ihnen.

Der nächste Tag, die nächste Ebbe: Es wird gesellig im Watt. Möwen kreischen, Austernfischer staksen kreischend über die Ebene, stochern

Bärinnen leben immer mit der Gefahr, dass ihre Jungen von Männchen getötet werden.

mit ihrem langen roten Schnabel auf der Suche nach Nahrung im Sand. Wieder finden sich etliche Bären ein und diesmal auch einige Rotfüchse, die mit der Nase dicht am Boden über das Watt jagen und immer wieder wild zu graben beginnen. Nachdem sie einige Muscheln gefressen haben, laufen sie neugierig in unsere Richtung.

Wachsamkeit ist das oberste Gebot.

Wäre in Deutschland ein Fuchs so zutraulich, würde man sofort annehmen, dass er Tollwut hat, dabei sind die Füchse nicht von Natur aus scheu, sondern haben sich dieses Verhalten erst durch ihre Erfahrungen mit dem Menschen angeeignet. Die Rotfüchse hier an der Aleutenküste haben wahrscheinlich noch nie einen Menschen gesehen, und so wie sie den Grizzlys überall hin folgen, weil ein paar Nahrungsreste für sie abfallen könnten, schließen sie sich nun uns an. Erik wirft ihnen ein paar Rosinen hin und schon folgen sie ihm wie Hunde. Wenn er eine abrupte Bewegung macht, weichen sie ein paar Schritte zurück, aber sofort sind sie wieder da.

Ein weiterer Bär betritt die Szene. Ein großer alter Kerl mit gelblichem Fell, das etliche Kahlstellen aufweist, so dass die dunkle Lederhaut durchscheint. Überhaupt ist dieser Grizzly recht gezeichnet – die Ohren leicht abgeknickt, Narben im Gesicht und am Hals, der Gang so schwerfällig, als leide er unter Arthrose, er kriegt kaum einen Fuß vor den anderen. »Guck mal, der Opa da!«, ruft Erik spottend und macht sich lustig über die Micky-Maus-Ohren des Bären. Dennoch versuche ich ihm eindringlich zu raten, diesem Männchen besser aus dem Weg zu gehen, als uns der Bär schon zuvorkommt: In dem Moment, als er unsere Witterung aufnimmt, dreht er ab und schlägt eine andere Richtung ein, so wie er es immer getan hat, wenn wir beide uns bisher begegnet sind – nur nicht im Sommer vor einem Jahr.

Damals war der Alte noch etwas beweglicher als heute. Zusammen mit meinem Freund Greg, der mich in jenem Jahr als zweiter Kameramann begleitete, beobachtete ich schon über zwei Tage, wie der Grizzly versuchte, eine Bärin zu bezirzen. Immer wieder kam er ihr näher, aber in dem Moment, wo er ganz an sie heran wollte, lief sie weg. Der Bär war zäh: Wenn sie ruhte, legte er sich neben sie und beobachtete sie, wenn sie fraß, stand er da und blickte geduldig in die Gegend, wenn sie weiterging, ging er auch weiter. Er hoffte offenbar, dass irgendwann seine Stunde kommen würde. Greg und ich hatten unser Zelt in der Nähe der großen Wiese aufgebaut, auf der sich die beiden die meiste Zeit aufhielten, und als wir am nächsten Morgen die weite Ebene mit unseren Ferngläsern absuchten, sahen wir weit hinten zwei Bären bei der Paarung. Ich konnte es nicht glauben. Das Weibchen kannten wir: Es war die junge Bärin der letzten Tage. Nur paarte sie sich gerade mit einem

Zum Abendbrot gibt es Königskrabben.

anderen Männchen. Bereits von weitem war zu erkennen, dass der Bär deutlich kleiner als sein Rivale war, dennoch hatte sie ihn vorgezogen.

Eine Bärenpaarung dauert bis zu fünfundvierzig Minuten, wir hatten also eine reelle Chance, die beiden zu filmen, wenn wir uns beeilten. Mit der Kamera auf dem Rücken pirschten wir uns an, bis wir vielleicht zwanzig Meter von ihnen entfernt waren. Greg baute sich noch mal fünfzehn Meter hinter mir auf, er sollte mich bei der Arbeit filmen. Plötzlich sahen wir in der Ferne den alten mürrischen Grizzly herantraben, er hatte die beiden entdeckt und hielt auf sie zu. Im Eilschritt kam er quer über die Wiese, groß, wuchtig, humpelnd, offensichtlich gefrustet und mit einem Tunnelblick, der sein Ziel nicht aus den Augen ließ.

Anders als zum Beispiel Wölfe haben Bären weder ein ausgeprägtes Mienenspiel noch erkennbare Drohgebärden. Für den Wolf ist es lebenswichtig, sich in seinem Rudel zu verständigen, er fletscht die Zähne, legt die Ohren an, stellt das Nackenfell hoch, bevor er angreift.

Ein Bär droht nicht. Nichts an ihm verrät, dass er vielleicht in der nächsten Sekunde losprinten wird wie dieser Grizzly hier.

Der Alte war vielleicht noch hundert Meter von dem Paar entfernt, als die beiden auseinander sprangen. Das Männchen rannte ins Gebüsch, sie in die andere Richtung, durch einen Wassergraben hindurch. Der Einzige, der noch da stand, war ich! Mit Stativ und Kamera. Der alte Bär hielt weiter auf mich zu. Noch achtzig Meter und der Bär begann schneller zu werden. Ich schrie ihm entgegen: »*Hey, bear! Stopp!!! Close enough now!*« Ich habe es mir irgendwann angewöhnt, mit den Bären auf Englisch zu sprechen. Mir scheint die Sprache schärfer, prägnanter. Der alte Grizzly ließ sich davon nicht beeindrucken. Er verringerte sein Tempo nicht mal andeutungsweise, und mir war klar: Der will seine Wut rauslassen, und zwar an mir. Auf den letzten zwanzig Metern setzte er zum Sprint an. Ich hatte bis dahin immer noch gefilmt, jetzt konnte ich mich nur noch zur Seite werfen. Mit einer schnellen Drehung versuchte ich, ihm auszuweichen, und spürte im gleichen Moment einen Prankenschlag auf meinem Technik-Rucksack. Ich wurde herumgerissen, flog durch die Luft und landete im Schilf. Der Bär driftete ab, lief links an mir vorbei. Ich hörte noch sein Kieferklappern, bei einem Bären das Zeichen absoluter Erregung. Offenbar hatte er sich über seine eigene Aktion so aufgeregt, dass er es mit der Angst zu tun bekam. Dann verschwand er. Als ich wieder einigermaßen zu mir gekommen war, schaute ich mich zu Greg um. Er hatte sicher spektakuläre Aufnahmen von dem Angriff gemacht. Aber Greg war

Oft laufen uns die Füchse stundenlang nach.

Oben: Gelbschnabeleistaucher
Mitte: Drohender Austern-
fischer
Unten: Ob ich noch weitere
Vögel entdecke?

klüger als ich gewesen, er war längst geflüchtet – und hatte vorher reflexartig die Kamera ausgeschaltet!

Seit diesem Erlebnis habe ich immer einen Rucksack dabei, selbst wenn sich vielleicht nur ein eingerollter Schlafsack darin befindet, und Erik ist genauso ausgestattet. Zwar könnte man bei einem ernsthaften Angriff mit einem Rucksack wenig ausrichten, aber es kommt immer wieder vor, dass Bären einen Scheinangriff starten, und dann ist so ein Minimalschutz unter Umständen sehr hilfreich.

Wir bleiben einige Tage in der Lagune. Oft ziehe ich früh am Morgen allein los, während Erik noch schläft. Um halb zehn bin ich meist wieder an Bord, wir frühstücken und brechen zusammen auf, durch Watt, Wiesen und Gebüsch.

Bei einem dieser Streifzüge begegnen wir einer Bärin mit sehr hellem Fell. Noch auffallender ist ihr Junges, ein Jährling: Er ist weiß wie ein Eisbär. Zwar bedeutet Grizzly »der Graue«, aber die wenigsten Tiere haben wirklich diese Färbung. Beige, braun, fast schwarz, alles kommt vor, und äußerst selten sogar weiß, eine Farbe, die in dieser Landschaft wenig Sinn macht. Im Winter, wenn der Weiße perfekt getarnt wäre, wie es die Eisbären sind, schlafen die Grizzlys in ihren Höhlen, und im Sommer fällt er nur unnötig auf. Aber allein dadurch, dass er so selten ist, wird er von den Menschen gern mit einem Mythos belegt, zum *Spirit*-Bär erklärt, der über besondere Fähigkeiten verfügt. Ich bin da etwas nüchterner, aber dennoch ist dies auch für mich der erste weiße Bär und die Aussicht, ihn zu filmen, äußerst reizvoll.

Die Sonne scheint, das Fell des Kleinen leuchtet. Langsam nähern wir uns den Bären, die keinerlei Angst zeigen, aber aufschrecken, als plötzlich ein großes Männchen erscheint. Voller Furcht treibt die Mutter das Kleine an, flüchtet mit ihm in Richtung Berge. Ich möchte gern weitere Aufnahmen machen, und Erik und ich beschließen, den beiden zu folgen.

Dummerweise queren sie ziemlich bald einen Gletscherfluss. Erik zögert keine Minute: Natürlich will er hinterher. Er ist ziemlich unempfindlich gegen kaltes Wasser. Wir ziehen uns aus, packen unsere Sachen in den Rucksack, halten ihn über den Kopf und setzen den ersten Fuß ins Wasser. Wenig später brüllen wir vor Schmerzen. Erik geht das eiskalte Wasser bis zum Hals und mir immerhin bis zur Brust. Der Fluss ist nicht übermäßig breit, vielleicht dreißig Meter, aber bei drei bis vier Grad Wassertemperatur reicht das völlig. Ich muss noch zweimal hin und her gehen, um die gesamte Ausrüstung über den Fluss zu tragen, und bin heilfroh, als ich mich endlich wieder anziehen kann. Schon jetzt graut uns beiden vor dem Rückweg.

Die Bären sind mittlerweile bereits eineinhalb Kilometer voraus, aber in der offenen Landschaft können wir sie immer noch gut sehen. Die Permafrostböden der Tundra lassen nur flache Wurzeln zu, so dass hier keine Bäume wachsen; dafür findet man, wohin man schaut, Erlen- und Weidengestrüpp. Es beginnt dort, wo die Hochwasserzone des Meeres aufhört, und endet erst oben in den Bergen. Erik und ich kämpfen uns vorwärts, teilweise sind die Büsche so dicht, dass wir uns den Weg mit der Machete freischlagen müssen, und so sind wir froh, bald einen Bärentrail zu erreichen. Wir sehen, wie Bärenmutter und Junges in der Ferne einen Felsgrat erreichen. Endlich scheinen sie sich sicher zu fühlen. Die Bärin legt sich hin und beobachtet die Umgebung.

Mit unseren Gummistiefeln kommen wir nur mühsam hinterher, aber nach einiger Zeit haben auch wir den Felsgrat erreicht, nähern uns den Tieren bis auf zwanzig Meter. Erik findet, dass das Kleine wie eine Schneeziege aussieht, und tatsächlich: Es hat eine extrem lange Schnauze. Es beginnt, ein wenig lustlos bei der Mutter zu trinken, und wirkt überhaupt recht träge, so dass ich nach einiger Zeit aufhöre zu filmen und lieber mit Erik die Landschaft betrachte. Der Ausblick ist spektakulär: Vulkane, Gletscher, felsige Bergrücken, endlos weite grüne Wiesen und im Hintergrund das Meer. Nach einer Weile ziehen wir uns zurück. Als wir am Abend das Boot erreichen, dauert es nicht lange, bis wir beide fest schlafen.

Der »Alte mit dem arthritischen Gang« soll noch zwei Menschen zum Verhängnis werden ...

7. KAPITEL

DAS GEFÄHRLICHSTE TIER ALASKAS

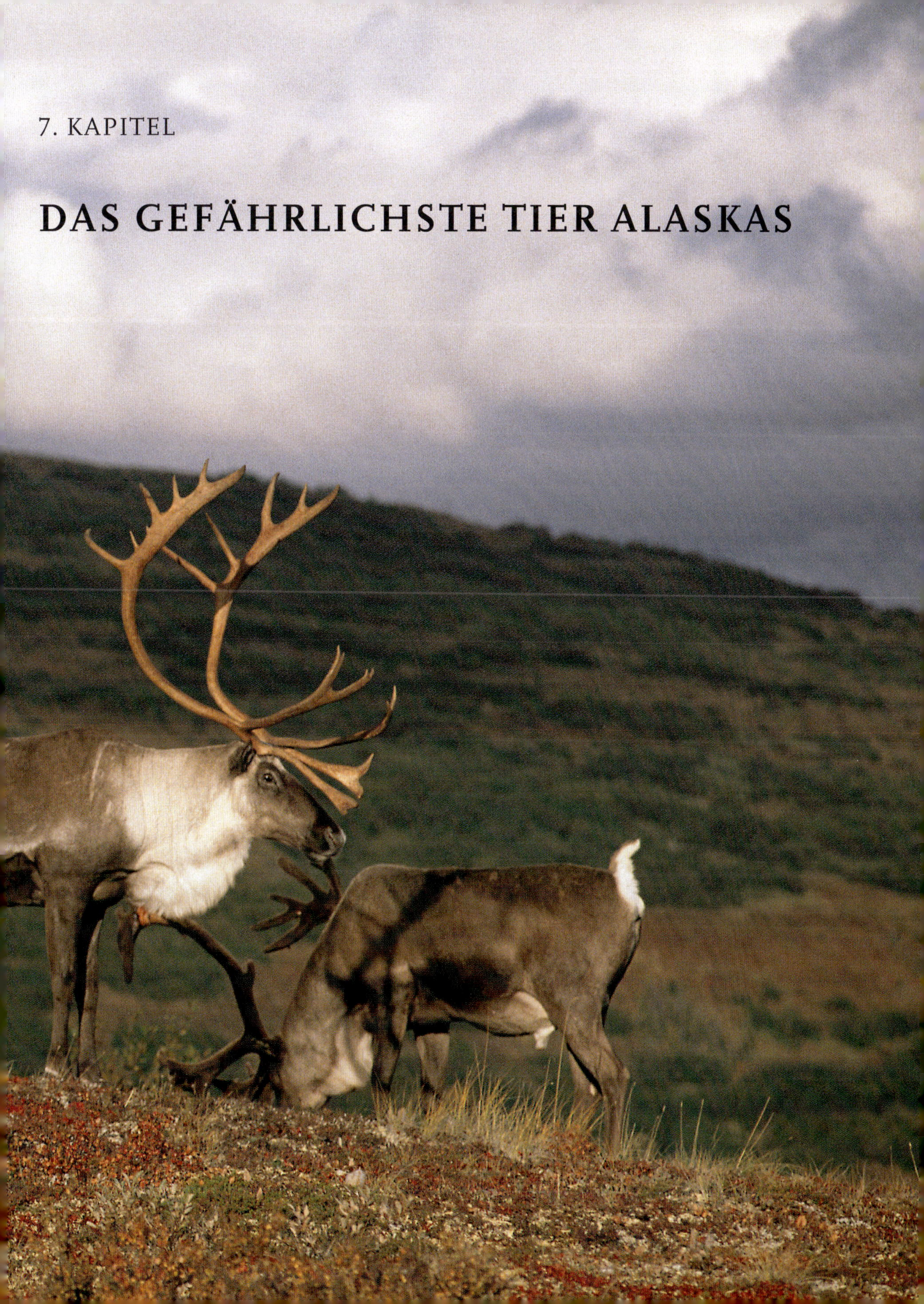

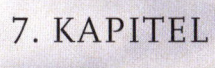

Elche: Der erste, den wir in diesem Jahr sehen, ist ein ausgewachsener Bulle, dessen Geweih noch im Bast steckt. Wie alle Hirsche wirft auch der Elch sein altes Geweih im Winter ab, das neue wächst im Frühjahr und Sommer nach. Wir treffen den Bullen im Landesinneren inmitten von Weidengebüsch, an dem er ausgiebig herumknabbert. Die große Knollnase bewegt sich auf und ab und im Kreis herum. Die zarten Triebe und Knospen der Sträucher sind seine Hauptnahrungsquelle, dazu kommen Wasserpflanzen; im Gegensatz zu anderen Hirscharten können Elche ihre Nüstern verschließen und unter Wasser weiden. Auch dieser Bulle hier hat noch einige vertrocknete Algen im Geweih hängen.

In einigen Gebieten Alaskas fallen über 90 Prozent der Elchkälber Grizzlys zum Opfer.

Erik erschrickt fast über die Größe des Tiers. Er hätte sich die Elche erheblich kleiner vorgestellt, und wenn man die Alaska-Elche mit den skandinavischen vergleicht, ist der Unterschied wirklich enorm. Die Tiere auf den Aleuten sind so groß wie belgische Kaltblut-Pferde und zusammen mit den Kamtschatka-Elchen die größte Hirschart der Erde. Allein ihre riesigen Geweihschaufeln wiegen bis zu einem Zentner, und das ganze Tier kann 800 Kilogramm aufbringen. Erik will wissen, ob man die Elche nicht zum Reittier abrichten könnte. Es sind schon andere auf die Idee gekommen: Ich kenne alte Schwarz-Weiß-Bilder aus Russland, auf denen Elche als Packtiere zu sehen sind, und der Zar hat sie offenbar vor die Kutsche gespannt. Es mag Einzeltiere geben, mit denen das funktioniert, vielleicht eines von fünfzig. Grundsätzlich bleibt das Problem bestehen, dass Elche im Gegensatz etwa zu den Rentieren einzeln lebende Tiere sind und sich nicht so leicht unterordnen.

Erik reagiert intuitiv mit großem Respekt auf den Bullen, er ist wesentlich verhaltener als bei den Bären, lässt ihn nicht aus den Augen, bleibt eng bei mir; seine Einschätzung ist richtig. Jedes Jahr kommen in Alaska erheblich mehr Menschen durch einen Elchangriff ums Leben als durch Grizzlys, vor allem in der Gegend um Anchorage, wo verhältnismäßig viele Elche auf verhältnismäßig viele Menschen stoßen. Während man von Bären weiß, wie gefährlich sie sein können, unterschätzt man die Elche leicht: Irgendwie scheinen die mit Pferden vergleichbar zu sein und sehen so lustig aus ... Eine emotionale Einschätzung, die genauso falsch ist wie die, dass in der afrikanischen Wildnis die meisten Unfälle mit Löwen oder mit Krokodilen passieren. Tatsächlich werden die meisten Menschen dort von Elefanten oder Büffeln getötet.

Vor allem, wenn man einer Elchkuh mit Nachwuchs begegnet, ist große Vorsicht angebracht. Anders als der Grizzly sieht sie im Menschen einen potenziellen Angreifer ihres Kälbchens und sie wird das Kleine mit allen Mitteln verteidigen. Es sind schon ausgewachsene Bären von Elchmüttern schwer verletzt in die Flucht getrieben worden.

Elche sind die einzige
Hirschart, die unter Wasser
ihre Nüstern verschließen
kann.

So wie die Rehe legen auch Elchmütter ihren Nachwuchs in der Deckung ab und kommen nur zwei- dreimal am Tag zu ihnen, um sie zu säugen. Ansonsten geht die Mutter getrennt von ihrem Nachwuchs auf Nahrungssuche, um nicht unnötig Raubtiere auf die Kleinen aufmerksam zu machen. Da die Jungen in den ersten Wochen noch keinen Eigengeruch verströmen, sollte man meinen, dass sie gut versteckt sind. Dennoch sterben in manchen Gebieten Alaskas bis zu 95 Prozent der jungen Elche in den ersten zwei Monaten durch Raubtiere, vor allem durch Bären. Erik findet das merkwürdig: »Wie können die Bären so viele Kälber finden?« An einem der nächsten Tage beobachten wir, wie systematisch die Angreifer dabei vorgehen.

Wir laufen über eine Wiese, als wir in der Ferne einen Grizzly beobachten, der einen Hang hinaufläuft. Im Zickzack durchstreift er das Erlengebüsch und arbeitet sich so Stück für Stück höher. Aus Erfahrung weiß er, dass Elchmütter um diese Jahreszeit hier ihre Kälber ablegen. Tatsächlich sehen wir kurz darauf, wie es heftig im Gebüsch raschelt. Als der Bär das nächste Mal den Kopf hebt, ist seine Schnauze blutig.

Ich habe selbst einmal versucht, mit der Methode der Bären ein Kälbchen zu finden. Mitten in einem Tümpel entdeckte ich eine Elchkuh, die Wasserpflanzen fraß. Ich vermutete, dass sie ihr Junges in der Nähe abgelegt hatte, und da ich schon seit längerem Aufnahmen von einer Elchmutter machen wollte, die ihr Kleines säugt, beschloss ich, das Kälbchen zu suchen, gut versteckt in dessen Nähe die Kamera aufzubauen und zu warten. Wie die Grizzlys durchstreifte ich das Gebüsch. Nur mühsam kam ich voran, zumal ich die ganze Ausrüstung mitschleppen musste. Es dauerte mehrere Stunden, bis ich unvermittelt auf ein ganz junges Kälbchen stieß, vielleicht eineinhalb Tage alt; es schmiegte sich eng an den Boden. Hinter einer Erle baute ich meine Kamera auf, vielleicht zwanzig Meter von dem Kleinen entfernt. Es ist oft viel Mühe und Geduld nötig, um hier in Alaska die Tiere so filmen zu können, wie man sich das vorstellt, und so musste ich auch diesmal weitere zwei Stunden warten, bis endlich die Elchkuh auftauchte. Sie begann, ihr Junges zu säugen, leckte es ab und legte sich schließlich nieder. Ich filmte. Der Aufwand schien sich gelohnt zu haben.

Dann, plötzlich, legte die Elchkuh die Ohren an, ein Zeichen der Alarmbereitschaft. Für einen kurzen Moment hoffte ich, dass ihre Aufregung durch irgendetwas anderes ausgelöst wurde, da sprang sie schon auf und lief genau auf mich zu. Die dünne Erle war mein einziger Schutz, und während ich mich dahinter in Deckung brachte, stieg die Kuh hoch und schlug wild mit ihren Vorderhufen aus. Es krachte, als die scharfkantigen Hufe den Baum erwischten, Rindenstücke flogen durch die Luft. Dann rief das Kalb. Ein kläglicher Laut, offenbar durch das ungewohnte Verhalten seiner Mutter ausgelöst. Die Elchkuh ließ in derselben Sekunde von mir ab, lief zurück. Dann aber blieb sie auf halbem Weg zu dem Kleinen wieder stehen, drehte sich um, hielt wieder auf mich zu. Schon hatte sie sich aufgebäumt. Mir war klar, dass sie mich zu Tode trampeln würde, wenn sie mich erwischen würde, aber so unlogisch, wie man in solchen Situationen häufig reagiert, machte ich mir vor allem um meine Kamera Sorgen, die direkt neben dem Baum stand. Nicht auszudenken, was wäre, wenn ein Paar schwerer Elchhufe auf sie einhämmerten – 60 000 Euro dahin, auf einen Schlag zunichte gemacht von einer tobenden Elchmutter. Noch zweimal griff mich die Alte an, bevor sie endlich mit ihrem Kalb ins Unterholz flüchtete. Mit zitternden Beinen packte ich die Ausrüstung zusammen und machte mich auf den Rückweg zu meinem Camp.

Während ich Erik die Geschichte erzähle, beteuere ich ernsthaft, dass ich mich heute nicht mehr auf so ein Experiment einlassen würde, schon gar nicht in seinem Beisein. Man gibt sich ja gern der Illusion hin, an den Ereignissen zu wachsen und die Kontrolle zu haben – und erfährt gerade hier in Alaska oft das Gegenteil. Auch Erik und ich sollten noch unser Erlebnis mit Elchen haben.

Karibus erreichen eine Schulterhöhe von 80 – 130 Zentimeter. Beide Geschlechter tragen Geweih.

8. KAPITEL

DIE PLÜNDERUNG DER VOGELINSEL

Bärin mit Jungem beim Spielen

Wir segeln weiter, zwei Tage Richtung Westen, bis wir am Abend eine kleine Insel erreichen. Schon von weitem sehen wir, wie immer wieder große Vögelschwärme in die Luft fliegen, und obwohl wir die Insel tatsächlich wegen der vielen seltenen hier brütenden Vögel besuchen, ist der Tumult recht ungewöhnlich. Normalerweise geht es etwas ruhiger zu. Höchstens, wenn vielleicht ein Adler jagen würde, fände man die Tiere in einer solchen Aufregung. Aber von Raubvögeln ist nichts zu sehen. Im Südwesten der Insel, an einem Platz, der vor Wind und Wellen geschützt ist, werfen wir Anker, mit dem Kanu paddeln wir zum Ufer rüber. Tausende von Eismöwen begrüßen uns mit lautem Gekreische, Austernfischer, die ihre Nester direkt am Strand haben, stürzen auf uns nieder. Wir sehen Eiderenten, die Männchen schwarz-weiß, die Weibchen in verschiedenen Braunfarben, beide an dem typischen keilförmigen Schnabel zu erkennen, der hoch am Kopf ansetzt, so dass Kopf und Schnabel wie aus einem Stück gegossen wirken. Wir sehen zwei Arten von Papageientauchern, den Hornlund und den seltenen Gelbschopflund, der das gleiche schwarz-weiße Gefieder wie seine Artgenossen hat, die markante gedrungene Figur, die fast an einen Pinguin erinnert, den kräftigen gebogenen Schnabel in Orangerot, der ihm seinen Namen gegeben hat, die orangeroten Füße. Nur hat der Gelbschopflund zusätzlich einen beigen Federbusch auf dem Kopf, der links und rechts über die Stirn bis in den Nacken hinuntergeht und wie eine gepflegte Frisur aussieht.

Und wir entdecken noch etwas: frische Bärenspuren. Im Sand sind deutliche Pfotenabdrücke eines ausgewachsenen Tieres und die sehr viel kleineren eines Jungtieres zu sehen, das der Größe der Spuren nach erst in diesem Winter zur Welt gekommen sein kann.

Genau dann, wenn es auf den Aleuten am kältesten ist, werden die kleinen Grizzlys geboren – nackt, blind und winzig wie Meerschweinchen. Sie wiegen bei ihrer Geburt gerade mal 500 Gramm – einen größeren Unterschied zwischen dem Gewicht der Mutter und dem ihres Nachwuchses gibt es bei keinem anderen Säugetier. Umso wichtiger ist es, dass die Jungen schnell an Gewicht zulegen; jetzt macht sich jede Schwanzflosse bemerkbar, die die Bärin im letzten Herbst einer Konkurrentin weggeschnappt hat. Monat für Monat nehmen die Kleinen mehr als ein Kilo zu, obwohl die Mutter in der Höhle weder weitere Nahrung noch Flüssigkeit zu sich nehmen kann. Die Milch produziert sie aus ihren Fettreserven sowie aus den Exkrementen und der Harnsäure ihrer Jungen, die sie aufleckt und wieder in Aminosäure, letztendlich also in Eiweiß, umwandelt – ein bemerkenswerter Recyclingprozess,

Der Winzling beschäftigt sich mit einem Stein; seine Mutter frisst Gras.

den man bis heute nicht vollständig entschlüsselt hat; würden wir Menschen das versuchen, vergifteten wir uns in zwei, drei Tagen. Bis es Mai wird, wiegen die jungen Bären fünf bis sechs Kilo und sind kräftig genug, die Höhle zusammen mit ihrer Mutter zum ersten Mal zu verlassen.

Bei meinen vielen Besuchen auf der Vogelinsel habe ich noch nie einen Bären gesehen – immerhin liegen vier Kilometer zwischen Küste und der kleinen Insel, und diese Bärin musste die Distanz sogar mit einem Jungen überwunden haben. Wir machen uns auf die Suche nach den beiden. Die gesamte Insel ist zwar nur vier Kilometer lang und einein-halb Kilometer breit, aber sehr felsig mit einem Hochplateau, das drei-hundert Meter über dem Meer liegt. Dank des Vogeldungs wächst, wo man hinschaut, kräftiges hohes Gras, bereits so dicht und flächende-ckend, dass es sämtliche Kanten abrundet, alles Schroffe schluckt und die Insel in sanftem Grün leuchten lässt. Nur die alleroberste Berg-spitzen ragen braun heraus und ganz unten bildet der Strand einen braunen Saum, dekoriert mit haufenweise Treibholz.

Bei unserem Aufstieg entdecken wir nicht allzu viele Bärenwechsel, die Tiere können also noch nicht lange auf der Insel sein. Ich rechne mir aus, dass sie vor vier Tagen hierher gekommen sein könnten, als extremes Niedrigwasser herrschte, so dass einige Sandbänke trocken lagen – für die Bärin eine gute Gelegenheit, nicht die ganze Strecke schwimmen zu müssen. Ich vermute, dass sie ihr Kleines über weite Strecken im Maul transportiert hat, denn obgleich es in diesem Alter bereits schwimmen kann, würde es sicher keine vier Kilometer in fünf Grad kaltem Wasser überwinden können.

Die Mühe scheint sich für die beiden gelohnt zu haben: Bald finden wir das erste geplünderte Möwennest, zerbrochene Schalen, Blut; die Küken müssen kurz vor dem Schlüpfen gewesen sein. Wir entdecken noch weitere Nester in ähnlichem Zustand, bis wir endlich auf eines stoßen, in dem zwei frisch geschlüpfte Küken sitzen, ein drittes bahnt sich gerade den Weg aus dem Ei. Wir sehen zu, wie es völlig erschöpft in der Welt ankommt.

Weiter nach oben. Mit der Fotoausrüstung auf dem Rücken ist der Aufstieg ziemlich beschwerlich, aber nach einiger Zeit erreichen wir den höchsten Punkt der Insel. Mit den Ferngläsern suchen wir nach unserer Bärin, und wieder geben uns die Vögel den entscheidenden Hinweis. Etwa einen Kilometer entfernt fliegt ein Schwarm Möwen auf und ab. Direkt unter ihnen: ein Grizzly. Gemächlich läuft er durchs Gras, wandert offenbar Nest für Nest ab; eine unerschöpfliche Nahrungs-quelle. Es stört die Bärin wenig, dass die Möwen immer wieder im Sturzflug auf sie zuhalten.

Langsam nähern wir uns und werden bald entdeckt. Die Bärin wirkt nicht sehr beeindruckt, schaut kurz auf und widmet sich wieder den Eiern. Ich erkenne sie wieder; vor vier Jahren habe ich sie, damals selbst noch ein Jungtier, mit ihren beiden Geschwistern und ihrer Mutter für eine Weile begleitet. Die drei Kleinen waren sehr verspielt, ließen der Alten keine Ruhe. Nun ist aus dem Jungtier selbst eine Mutter geworden. Vertrauensvoll schaut sie in unsere Richtung und registriert gelassen, dass wir uns weiter nähern. Die Bärin dürfte sechs Jahre alt sein, ist recht klein und hat ein sehr kindliches Gesicht. Ich vermute, dass dies ihr erster Wurf ist, weshalb sie auch nur ein einziges Junges hat. Der kleine Kerl ist sehr dunkel und nicht größer als eine Katze, so dass er kaum über das hohe Gras schauen kann, selbst als er sich jetzt auf die Hinterbeine stellt, um uns besser beobachten zu können. Er schnaubt in unsere Richtung, aber da seine Mutter keinerlei Aufregung zeigt, entspannt sich auch der Kleine bald.

Die Bärin ist immer noch damit beschäftigt, unter dem wilden Geschrei der Möwen Nester auszurauben. Erik und ich setzen uns ins Gras und zählen mit. Nach einer halben Stunde hat sie bereits 21 Gelege leer gefressen, bei durchschnittlich drei großen Eiern pro Nest macht das 63 große Eier. Nach einer Stunde sind es 47 Nester und 141 Eier. Die Bärin legt sich rücklings ins Gras, das Kleine krabbelt über ihren Bauch und beginnt schließlich bei der Mutter zu trinken. Anschließend legen sich beide ins Gras und schließen ermüdet die Augen. In fünfzig Metern Entfernung versuchen wir, ebenfalls eine Weile zu schlafen, was aller-

Die junge Bärin mit ihrem Kleinen. Sie hat so viel Milch, dass ihr einziges Junges unbegrenzt trinken kann.

dings nicht wirklich gelingt. Über uns kreisen die Möwen und stoßen nicht nur permanent ihre schrillen Schreie aus, sondern düngen nun uns mit ihrem Kot, so dass wir nach einer Weile regelrecht zugeschissen sind.

Es dauert, bis die Grizzlys endlich aufstehen und zum Strand hinunter laufen. Trotz der üppigen Kost, die sie eben erst verspeist hat, beginnt die Bärin nun, bei Niedrigwasser nach Muscheln zu graben. Als sie gerade ein Exemplar in den Pfoten hält, schnappt das Kleine danach. Als Einzelkind fehlt ihm ein Spielkamerad, also beschäftigt es sich viel mit sich selbst, wirft ein Stück Holz in die Luft, ein Seetangblatt. Oder eine Muschel, die sich die Mutter bereitwillig stiebitzen lässt. Linke Pfote, rechte Pfote – der Kleine treibt seine Beute vor sich her, schleudert sie über den Strand, dann kugelt er sich auf den Rücken, beißt wild auf der Muschel herum. So eifrig und energisch, wie es ein ernsthaftes Spiel erfordert. Oder er stachelt die Mutter an. Springt an ihr hoch, versucht, an ihren Lefzen zu ziehen, stellt sich auf die Hinterfüße und kann selbst jetzt nicht über den Rücken der Alten schauen. Er wirft sich vor ihre Füße, fordert sie heraus. Wenn es so neben ihr liegt, ist das ganze Bärenkind kaum größer als der Kopf der Mutter. Die Bärin ihrerseits scheint noch genauso gern zu toben wie früher und lässt sich nicht lange bitten.

Immer wieder habe ich festgestellt, wie unterschiedlich die einzelnen Charaktere sein können, die die Bären über Generationen an ihre Nachkommen weitergeben. Ich habe quirlige, hektische, freundliche, aggressive, argwöhnische, zutrauliche Grizzlys erlebt; auch träge Bärinnen, von denen man mit ziemlicher Sicherheit sagen kann, dass sie ihre Jungen verlieren – was mit der Arterhaltung zu tun hat: Nur die Aufmerksamen, Starken geben ihre Gene weiter. Je länger wir unterwegs sind, desto deutlicher nimmt auch Erik solche Unterschiede wahr und weist mich darauf hin, wenn eine Mutter sich gar nicht richtig um ihr Kleines kümmert. Oder er zeigt auf eine hektische Bärin, die sich bei jeder Kleinigkeit aufrichtet, schnauft, die Gegend peilt und bei der kleinsten Unsicherheit Reißaus nimmt – ihre Kinder im Gefolge, die ebenso nervös sind und es ihr Leben lang bleiben werden.

Vor ein paar Jahren habe ich an einem Lachsfluss eine Bärin kennen gelernt, die ungewöhnlich aggressiv war. Als sie an ihren Jagdgrund kam, waren alle guten Fischplätze von anderen Bären besetzt, insgesamt waren vielleicht sechs, sieben Grizzlys da. Was machte die Mutter? Obwohl sie in der Rangliste eher unten stand, fing sie sofort Streit mit der erstbesten Bärin an. Die war so perplex, dass sie der anderen den Platz überließ. Ich baute währenddessen meine Kamera auf, als die drei Kinder der streitsüchtigen Bärin auf mich zukamen, sich vor der Ausrüstung

Der kleine Bär tollt voller Übermut mit seiner Mutter herum.

83

Die Bärin trottet weiter, das Junge läuft munter voran.

aufbauten und wild fauchten. Ich konnte das kaum glauben: Sie waren vielleicht acht, neun Monate alt, noch Babys. Was das wohl für Kotzbrocken werden, wenn sie ausgewachsen sind.

Unsere Bärin hier am Strand teilt dagegen mit ihrem Kleinen die Spielleidenschaft. Mit einer riesigen Pranke, in die das Kleine bequem hineinpasst, schiebt die Mutter den Winzling über den Sand. Und auch wenn ihre Bewegungen behutsam sind und sie ihrem Jungen nur einen leichten Schubs gibt, steckt doch so viel Kraft dahinter, dass der kleine Bär ordentlich herumgewirbelt wird; wie ein Teller auf dem Stab eines Jongleurs dreht er sich auf der Stelle, das Maul geöffnet, die Pfoten in der Luft. Dann schlägt er schon wieder nach Mamas Lefzen, springt auf, rennt durch den Sand, überschlägt sich, läuft zurück zur Mutter, zieht mit den Zähnen an ihrem Fell. Schließlich jagt die Bärin den Kleinen in Richtung Priel, taucht ihn ins Wasser – ihr Junges wird klitschnass. Sie drückt ihn immer wieder unter Wasser – der Kleine japst. Sie steigert sich so in ihr Spiel hinein, dass sie gar nicht merkt, wie es dem kleinen Bär dabei geht. Er schreit laut und schrill und in vollem Ernst, offenbar der Meinung, er werde ertränkt. Erik scheint es genauso zu empfinden: »Die bringt den um!«, ruft er empört. Als es dem Kleinen endlich gelingt, sich aus den Klauen seiner Mutter zu befreien, rennt er panisch zum Strand zurück. Erst nach einer Weile traut er sich wieder in ihre Nähe.

In den folgenden Tagen laufen wir weiter die Insel ab und erleben immer wieder das Gleiche: Wir entdecken ein Nest mit gerade geschlüpften Küken, Eiderenten oder kleinen Eismöwen, und wenn wir ein paar Stunden später auf dem Rückweg wieder vorbeikommen, ist es leer. Diese Plünderung im großen Stil muss Erik erst einmal verarbeiten. Er hat Mitleid mit den Kleinen, die eben noch in ihrem zarten Flaum dagesessen haben. Immerhin: Die bunten Papageientaucher scheinen vor der Bärin sicher, ihre Nester sind in Felsspalten gebaut.

Wir können richtig dabei zusehen, wie die Bärin und das Junge immer runder werden. Auf der Insel befinden sich mehrere tausend Nester, und jeden Tag sammelt die Bärin einige Hundert ab. Sie geht dabei sehr systematisch vor – äußerst selten, dass sie bei einem ausgeräumten Nest ein zweites Mal vorbeischaut – und lässt sich von keiner Steigung aufhalten. Ihr Junges ist schon ein guter Kletterer, auch wenn die Mühe dabei für ihn deutlich größer ist. Immer wieder gerät er an einem steilen Hang ins Rutschen, läuft angestrengt auf der Stelle und kämpft gegen das Geröll an oder gegen den Wind, der wie ein Föhn das Fell des Kleinen nach hinten pustet. Aber nach oben kommt er immer.

Bei dem Nahrungsüberfluss ist es kein Wunder, dass der Kleine so

Spielen ist für Bärenkinder genauso wichtig wie für Menschenkinder.

Grizzlys sind Einzelkämpfer; familiäre Bindungen bestehen nur zwischen Mutter und Jungen.

gut bei Kräften ist. Er darf bei der Mutter trinken, wann immer er will. Normalerweise sind die Bärinnen nicht so großzügig; vor allem wenn die Milch knapp ist, achten sie sehr darauf, dass die Kleinen sich die Nahrung einteilen und ihren Müttern nicht jegliche Energie abziehen. Da kann es schon mal passieren, dass ein allzu forsches Bärenkind mit einem kräftigen Prankenschlag ein paar Meter durch die Luft geschleudert wird. Diese Mutter hier produziert inzwischen mehr Milch, als das Kleine trinken kann, sie tropft ihr bereits aus den Zitzen. Uns nehmen die Grizzlys überhaupt nicht mehr wahr, so dass wir die beiden in aller Ruhe beobachten können.

Einmal erleben wir, wie die Bärin ihr Junges ins Maul nimmt und durch das Salzwasser schwimmt. Ich sehe meine Vermutung bestätigt: So werden die beiden hierher gekommen sein. Doch die Bärin kennt noch eine andere Schwimmvariante, die sie uns bald ebenfalls demonstriert: Sie paddelt durchs Wasser, während das Kleine auf ihrem Rücken sitzt. Leider sind wir relativ weit weg – das wären großartige Aufnahmen geworden!

Immer wieder fällt uns in dieser Zeit ein Weißkopfseeadler-Paar auf. Es kreist über der Insel und dem Meer und stürzt auf der Jagd nach Beute in die Tiefe. Ich vermute, dass die Adler ebenfalls auf unserer Vogelinsel brüten, und Erik und ich versuchen anhand des Flugverhaltens zu erkennen, wo sie ihr Nest haben. Es muss irgendwo am hinteren Ende der Insel sein, und wir machen uns dorthin auf den Weg. Nach einigen Stunden erkennen wir den Adlerhorst auf einem hohen Riff über der Steilküste. Wir erreichen ihn nach einer kurzen Kletterpartie. Das Nest liegt direkt an der Felskante. Es ist riesig, hat einen Durchmesser von zweieinhalb Metern. Den äußeren Rahmen bildet Treibholz; kleine Äste, die die Alten unten vom Strand geholt haben, wo das Holz in Mengen und in jeder Größe liegt. Im Nest selbst sitzen, gut gepolstert von Moos, trockenem Gras und Federnhaufen, zwei grau gefiederte Küken, die mit ihrem Babyflaum noch recht zerrupft und unförmig aussehen. Nur ihr großer gebogener Adlerschnabel ist schon kräftig und imposant, die Kleinen reißen ihn auf und begrüßen uns mit einem Fauchen. Erik strahlt. Das hier sind nicht irgendwelche Vögel, sondern Adler! Er hockt sich neben die beiden ins Nest, hat locker Platz darin. Als er einem der Küken seinen Finger hinhält, fährt der Kleine reflexartig den Kopf aus und versucht den Angreifer wegzuhacken.

Auch an den Fundstücken im Adlerhorst erkennt man, was die Insel zu bieten hat: Das ganze Nest ist dekoriert mit toten Tieren. Neben den jungen Adlern liegen zwei Papageientaucher, denen schon der Kopf fehlt; die Vögel selbst sind noch warm. Wir finden noch eine ebenfalls kopflose Eidereente und zwei Möwen, dazu drei Heringe – viel mehr, als die Jungvögel fressen können. Inzwischen hat uns das Adlerpaar entdeckt, es kreist weit oben über unseren Köpfen. Erik wundert sich, dass es uns nicht angreift, schließlich können die Vögel ja nicht wissen, dass wir ihre Jungen nicht auffressen, sondern nur filmen wollen. Er hat Recht, ich bin sicher, dass ein Steinadler uns in einer ähnlichen Situation längst attackiert hätte, selbst eine Möwenmutter hätte das getan. Glück für uns, dass die Weißkopfseeadler wesentlich scheuer sind.

Dass früher oder später die Bärin mit ihrem Jungen hier oben auftauchen wird, scheint mir ziemlich sicher, irgendwann wird sie sich durch die ganze Insel gefressen haben. Wieder kommt Eriks Mitleid durch: Wir können doch die Küken nicht einfach ihrem Schicksal überlassen! Adlerküken! Der Junge überlegt, ob wir nicht Mottenkugeln ausstreuen sollten, mit denen wir ja auch unser Kanu oder unser Zelt schützen. Oder eine Mauer aus Steinen bauen. Aber er weiß natürlich, dass man die Bärin angesichts der fetten Beute nicht wirklich vom Nest fern halten kann.

Nüchtern betrachtet, wird sie auch keinen großen Schaden anrichten. Die Vogelwelt wird den Verlust leicht wegstecken, und selbst Weißkopfseeadler sind an der Aleutenküste ganz gewöhnliche Vögel. Fast an jeder exponierten Stelle, die eine gewisse Sicherheit bietet, findet man einen Adlerhorst. Ich versichere Erik, dass hier im nächsten Jahr noch genauso viele Vögel durch die Luft fliegen werden.

Der Nachwuchs bleibt etwa zwei Jahre bei der Mutter und lernt in dieser Zeit alles, was er fürs Überleben braucht.

Nachdem wir einige Einstellungen mit den Küken gefilmt haben, machen wir uns auf den Weg zurück zum Strand. Als wir beim Boot ankommen, fluche ich: Nicht genug damit, dass die Bärin die ganze Insel leer frisst, nun ist sie auch noch über unser Kanu hergefallen! Die Bissspuren sind ebenso wenig zu übersehen wie die Prankenabdrücke eines kleinen und eines großen Grizzlys im Sand. Ich ärgere mich über meine Nachlässigkeit, denn wir hätten Holz genug gehabt, um eine Stellage zu bauen, und der Untergrund hätte es auch möglich gemacht, die Baumstämme zu befestigen.

Die Außenhaut des Kanus hat ein großes Loch, und aus einer Kammer ist die Luft entwichen. Ich bin nicht sicher, ob Erik und ich es inklusive der schweren Filmausrüstung trocken zum Boot schaffen würden, und so lassen wir Kamera und Stativ an Land und fahren zu zweit rüber. Auf *Tardis* angekommen, flicke ich das Kanu, was schwieriger ist als gedacht: Offenbar hat es der Gummilösung nicht gut getan, den Winter in einem kalten Schuppen in Alaska verbracht zu haben. Der Flicken will lange Zeit nicht richtig halten. Als er endlich abdichtet, fahre ich noch einmal zurück, um die Ausrüstung nachzuholen.

9. KAPITEL

IN DER GEWALT DES MEERS

Positionsbestimmung
mit Sextanten

Am nächsten Mittag verlassen wir die Insel, weiter Richtung Südwesten, weiter die Küste entlang, der Wind steht günstig. Mit 5,5 Knoten segeln wir aus der Bucht hinaus, schnell wird die Vogelinsel kleiner. Wir beschließen, später auf der Rückfahrt noch einmal vorbeizukommen. Gegen Abend erreichen wir einen Fjord, der von hohen Bergen umrandet ist, die selbst jetzt, im Sommer, auf ihrer Spitze noch Schnee tragen. Wir reffen die Segel und lassen uns treiben. Ich hole die Angel heraus und gebe sie Erik.

Der Junge konnte kaum die Rute halten, als wir beide das erste Mal zum Angeln gegangen sind; seitdem ist er ein echter Fischer. In seiner Begeisterung lernte er schnell und ohne Mühe. Nach kurzer Zeit wusste er, mit welchem Köder er welchen Fisch fängt, wie er ihn drillt, tötet, ausnimmt und filettiert. Wo es möglich war, begleitete er mich zum Angeln, wo nicht, musste ich ihm ausführlich von meinen Erlebnissen erzählen. Ich erinnere mich daran, wie wir zu Hause Besuch von Weltumseglern bekamen, sehr erfahrenen Seglern, die von ihren Touren erzählten. Erik hörte eine Weile zu und fragte die beiden dann, wie viele

Fische sie in den dreieinhalb Jahren auf See denn so geangelt hätten, worauf einer der Männer antwortete: keinen einzigen. Er angle nicht, gehe im Übrigen auch nicht gern schwimmen und tauchen schon gar nicht. Erik schaute ihn nur ungläubig an, stand wortlos auf und ging. Die Weltumsegler waren für ihn gestorben.

Nun in Alaska fiebert er den großen Lachsschwärmen entgegen, es dauert nicht mehr lange, bis sie die Flüsse hochschwimmen und ihren Laich ablegen. Bis dahin fischt Erik alles andere. Es zieht an der Rute, ziemlich heftig, Erik schreit aufgeregt zu mir herüber. Genauso vehement, wie sich die Angel nach vorne biegt, lehnt sich der Junge nach hinten, hält mit jedem Muskel gegen die Kräfte an, die von weit unten kommen; auf der Seekarte ist eine Wassertiefe von sechzig Metern angegeben. Erik spricht kaum ein Wort, die ganze Konzentration gilt dem Fisch. Fünf Minuten lang hält er durch, dann übernehme ich. Noch mehrmals wechseln wir uns ab, holen Umdrehung für Umdrehung die Schnur ein, geben wieder nach, holen ein, aber der Kerl am anderen Ende der Angelschnur scheint nicht müde zu werden. Es dauert zwanzig Minuten, bis wir einen großen Heilbutt aus dem Wasser ziehen. Nur mit Hilfe eines Hakens gelingt es mir, ihn über Bord zu hieven. Erik braucht alle Kräfte, um den Fisch, der sicher zwanzig Kilo wiegt, für eine Sekunde hochzuhalten, damit ich ihn fotografieren kann.

Es ist der 21. Juni, der Tag der Sonnenwende. Am Abend gehen wir an Land, sammeln Treibholz und machen ein großes Feuer. Obwohl es etwas nieselt und das Holz schon mit Salzwasser getränkt ist, brennt es

Kursberechnung am Karten-
tisch

erstaunlich gut. Bis heute ist es mir ein Rätsel, warum das funktioniert. Zur Feier des Tages trinkt Erik Kakao, ich Rum. Wir springen über das Feuer und sprechen einen Wunsch aus, so wie wir dieses Fest auch in der Eifel jedes Jahr feiern. Nur ist in diesem Jahr außer Erik und mir kein Mensch dabei und wir essen einen selbst gefangenen Heilbutt. Erik wünscht sich Gesundheit und einen guten Ausgang der Reise. Ich frage mich, ob ihn das Ganze nicht doch ein bisschen überfordert, eine Sorge, die sich nicht bestätigen wird, im Gegenteil: Je länger der Junge hier ist, desto selbstverständlicher scheint er mit seiner Umgebung zu verschmelzen, seinen Platz einzunehmen. Wir bleiben an diesem Abend noch lange am Feuer sitzen, sprechen über Götter, Religionen und die Entstehung der Welt.

Gleich am nächsten Morgen segeln wir weiter. Erik holt schon bald die Angel raus, er will unbedingt noch einen Heilbutt fangen, aber diesmal hat er weniger Glück. Am Nachmittag kommt über das Radio der Seewetterbericht. Für den nächsten Tag wird Sturm aus Nordost angekündigt. Wir schlagen gleich die Karte auf, schauen gemeinsam, wo wir Schutz finden können. Schließlich segeln wir zu einem Küstenabschnitt, an dem sich Bucht an Bucht reiht, und steuern eine davon an. Das Wasser ist hier sehr flach, wir kommen gerade so in die Lagune und fallen dann trocken. Gegen zwei Uhr morgens geht der Sturm los, früher als gemeldet. Es schüttet und der Wind weht so heftig, dass das Kanu, das wir hinten am Boot festgebunden haben, wie ein Drachen an der Leine durch die Luft fliegt. Ich bin froh, jetzt nicht draußen auf dem Meer zu sein.

Schon im Vorfeld unserer Reise habe ich mir die meisten Gedanken über die Seepassagen gemacht, sie waren für mich der einzige kritische Punkt. Vor zwei Jahren bin ich selbst auf der Überfahrt von der Aleutenküste zu meinem Zielhafen Homer in einen so schweren Sturm geraten, dass ich dachte, ich würde die Nacht nicht überleben. Ich war mit einem zweiten Kameramann unterwegs, als sich in rasendem Tempo – einen Tag eher, als vom Wetterbericht angekündigt – ein Unwetter zusammenbraute. Plötzlich ging es los: Starkwind kam auf, aus dem ein Sturm mit Windstärke zehn wurde. Schlagartig wurde es dunkel, riesige Wellen bauten sich auf. Wir hatten keine Möglichkeit mehr, das Boot zu steuern, stattdessen versuchten wir, es einigermaßen auf dem Kurs zu halten, auf dem uns der Sturm vorantrieb. Nach einer Weile drückten uns Wind und Wellen in eine riesige Bucht hinein, die so groß war wie die nördliche Ostsee. Von Schutz konnte also keine Rede sein.

Inzwischen war es Nacht geworden und wir wurden weiter von den gewaltigen Wellen geschüttelt. Irgendwann löste sich auch noch unten im Kiel ein Bolzen, so dass Wasser ins Boot lief. Wir schalteten die Pumpe ein, und ich entschloss mich, die *US Coastgard* zu informieren und mitzuteilen, dass wir zwar nicht in Seenot seien, aber zumindest in schwerer See. Jede halbe Stunde gab ich meine Position durch, damit im schlimmsten Fall anhand dieser Koordinatenlinie nach uns gesucht werden könnte. Ich weiß noch, wie entspannt und wohltuend die Stimme der Frau am Funk klang – das Personal dort ist darauf geschult, Ruhe zu vermitteln. Die Situation war völlig irreal: Da saß diese Frau mit ihrer warmen Stimme, vor sich vielleicht eine Tasse Kaffee oder Tee, und hier draußen brach eine Welle nach der anderen über uns herein. Wer das Meer kennt, weiß, dass die Wellen nicht alle gleich sind: Es gibt hohe Wellen, und alle fünf, zehn Minuten kommt eine Riesenwelle. Am Tag kann man dieses Wechselspiel genau beobachten und darauf reagieren, aber jetzt in der Nacht war es stockfinster. Ich fürchtete, dass uns irgendwann eine Riesenwelle einfach kentern lassen würde, zumal *Tardis* keine Hochseejacht, sondern ein Küstenkreuzer ist. In diesem Moment ließ ich mein Leben wirklich Revue passieren: Du hast eine schöne Zeit gehabt, hast zwei tolle Jungs und eine nette Frau, aber das war's jetzt! Dann habe ich mir noch mal die Bilder meiner Familie angesehen.

Ich weiß nicht genau wie, aber irgendwann wurden wir in den Windschatten eines riesigen Vulkans getrieben. Wie ein Kegel ragte er in die Bucht hinein und gab uns Schutz. Wir waren gerettet.

Mir hat das Ganze damals einen ziemlichen Schrecken eingejagt und ich bin danach deutlich vorsichtiger geworden. Denn auch wenn ich durch meine Reisen und meine Arbeit immer wieder in Gefahren gerate, bin ich niemand, der sein Leben bewusst aufs Spiel setzt.

Jetzt, unterwegs mit Erik, verlasse ich den Fjord nicht einmal bei einer relativ harmlosen Meldung: sieben Fuß hohe See und 25 Meilen Wind. Früher hätte mich das nicht abgehalten. Und ich bestehe darauf, dass Erik, sobald er aufs Oberschiff geht, eine Schwimmweste trägt. Nach einer Weile wird ihm das so zur Gewohnheit, dass er sich mit der Weste schon schlafen legt. Ich selbst gurte mich an, wenn ich bei schwerer See aufs Vorschiff gehe – mein Albtraum wäre, dass ich ins Wasser falle, Erik das Boot nicht wenden kann und mich verliert. In dem eiskalten Wasser hätte ich vielleicht vier Minuten, bis ich steifgefroren, und fünf, sechs Minuten, bis ich tot wäre.

Am nächsten Tag nimmt der Sturm noch zu, so dass nicht daran zu denken ist, nach draußen zu gehen. Die Luftfeuchtigkeit an Bord ist so hoch, dass die nicht eloxierten Schrauben an meiner Kamera zu rosten beginnen. Erik und ich machen Schulaufgaben. Die sind bisher völlig zu kurz gekommen. Leise meldet sich mein schlechtes Gewissen, weil

ich Birgit versprochen habe, regelmäßig mit ihm zu lernen, aber letztendlich überwiegt das Gefühl, dass Erik hier so viel mitbekommt, mit so vielen neuen Eindrücken und Erfahrungen versorgt wird, dass er genug damit zu tun hat, dies alles zu verarbeiten.

Alaskas nächtlicher Himmel im August, mit 25 Minuten belichtet

Wir spielen Schiffe versenken, Erik malt – meistens Angel- oder Jagdszenen –, ich erzähle ihm Geschichten aus Deutschland, dann lesen wir gemeinsam *Robinson Crusoe* – das allererste Buch, das ich selbst als Junge gelesen habe, und nun ist es auch Eriks erstes Buch. Ganz leicht tauchen wir in diese andere Welt ein, die uns sofort vertraut ist – selbst mitten in der Wildnis haben wir das Gefühl, ähnlich wie Robinson zu leben. Wir können kaum aufhören zu lesen, fühlen uns dabei richtig fiebrig und überlegen uns, was wir an Robinsons Stelle gemacht hätten.

Eher durch Zufall und aus dem Augenwinkel sehe ich durch das Fenster, wie draußen im strömenden Regen ein Tier eilig den Strand entlang läuft. Gedrungener Körper, vielleicht einen Meter lang, kleiner Kopf mit spitzer Schnauze, das ganze Tier eher breit als hoch, so dass es ein bisschen wie ausgelaufen aussieht, etwas bucklig und so kompakt und drahtig, dass es nur aus Muskeln zu bestehen scheint: ein Vielfraß, die größte Marderart der Erde. Die Tiere sind so kräftig, dass sich nicht einmal ein Grizzly an sie herantraut. Ihr Gebiss sieht aus wie das einer Hyäne, es ist so stark, dass sie im Winter, wenn es sein muss, gefrorenes Fleisch fressen können. In zwölf Jahren Alaska habe ich erst zwei dieser Tiere gesehen und immer waren sie im Eiltempo unterwegs, so wie dieses hier jetzt auch. Auf Pfoten, die im Vergleich zum Körper riesig wirken, trabt der Vielfraß über den Strand, im Winter tragen ihn diese großen Sohlen über den Schnee, ohne dass er darin versinkt. Erik und ich hängen beide am Fenster und überlegen gerade, ob wir uns nicht doch hinauswagen sollen, als der Vielfraß, so schnell wie er gekommen ist, wieder verschwindet.

Der zweite Tag Sturm. *Liebes Tagebuch, Regen, Regen. Tschüss!* Der dritte. Mit Bangen hatte ich mir vor unserer Abfahrt solche Situationen ausgemalt und mich gefragt, wie Erik wohl damit klar kommen würde: von morgens bis abends auf dem Boot und nicht einmal ein anderes Kind in Reichweite. Vielleicht hätte sich Erik besser um mich solche Sorgen machen sollen, denn der Einzige, der unruhig wird, bin ich. Ich ertappe mich dabei, dass ich ständig gegen das Barometer klopfe, in der Hoffnung, dass sich was rührt, meine Stimmung geht mehr und mehr in den Keller. Erik dagegen hört sich sicher schon zum fünften Mal vergnügt Mel Brocks »Robin Hood – Helden in Strumpfhosen« auf Kassette an. Nein, er korrigiert mich: Es sei schon das sechste Mal, und er lacht bereits wieder über die nächste Szene. Zwar kann er die Dialoge längst mit-

Erik mit seinem ersten großen Heilbutt

sprechen, aber er findet sie immer noch brüllend komisch. Wir fangen an, die Szenen nachzuspielen, was uns eine ganze Weile beschäftigt. Den Jungen scheint das schlechte Wetter nicht weiter zu beeindrucken. Von Anbeginn der Reise hat er das Boot als sein Zuhause angesehen, hat sich schnell eine Ecke eingerichtet mit all seinen Utensilien, Büchern, Stiften, Block, Kassetten, und ich stelle jetzt erstaunt fest, wie seelenruhig er das Nichtstun aushält. Für mich ist der Gipfel der Langeweile erreicht, als ich Erik dabei beobachte, wie er im Schlafsack in seiner Koje liegt, den Blick zur Decke gerichtet, die Arme unter dem Kopf verschränkt, und mit offenem Mund bestimmt zehn Minuten darauf wartet, dass sich oben an der Bootsdecke genügend Kondenswasser sammelt, um als Tropfen auf seine Zunge zu fallen. So regungslos wie eine Eidechse in der Sonne.

Der vierte Tag Sturm. Am fünften, endlich, beruhigt sich das Wetter. Als wir nach draußen kommen, ist das gesamte Boot von einer dünnen Schicht Vulkanasche bedeckt. Der Sturm hat sie aus den Bergen mitgebracht. Erik wundert sich, dass es da oben so staubig ist, und ich erkläre ihm, dass die Asche von dem großen Ausbruch aus dem Jahr 1912 stammt.

Der dominanteste Vulkan der Westküste Alaskas ist der Mount Katmai – genau genommen ist es eine Ansammlung von vier Vulkanen, die zusammen diesen Berg bilden. Damals kam es zu der größten Eruption des zwanzigsten Jahrhunderts. In einem der vier Katmai-Vulkane, dem Novarupta, hatte sich eine unterirdische Gasblase gebildet, die nun explodierte. Der Knall war 750 Kilometer weit zu hören, er bildete den Startschuss für eine nicht enden wollende Serie von Eruptionen. Nach drei Tagen hatte der Vulkan so viel Asche in die Atmosphäre gespien, dass sich die Jahresdurchschnittstemperatur in der nördlichen Hemisphäre für lange Zeit um fast zwei Grad verringerte, die unmittelbare Umgebung des Vulkans, ein 65 Quadratkilometer großes Tal, war mit einer zweihundert Meter dicken Schicht bedeckt und über der gesamten Region der Aleuten sowie dem Kodiak-Archipel lagen zehn bis fünfzehn Zentimeter Asche. Sämtliches Leben wurde ausgelöscht: Pflanzen starben, Tiere starben, die Lachse blieben aus, weil in den aschegefüllten Flüssen kein Weiterkommen war. Noch heute finde ich es unglaublich, wie schnell sich die Natur dank des milden Klimas, der fruchtbaren Böden und der vielen Niederschläge erholte.

Während Erik und ich über das Watt laufen, diskutieren wir darüber, wie es die Bären wohl damals geschafft haben, zu überleben. Erik stellt sich vor, dass sie in ein anderes Gebiet abgewandert und später wiedergekommen sind. Eine plausible Erklärung. Ebenfalls denkbar wäre, dass

96

sie sich mit dem Allernötigsten durchgeschlagen haben, immerhin blieb ihnen das Meer als Nahrungslieferant.

Wir laufen weiter über große Salzgraswiesen und treffen unverhofft auf die Mutter mit den drei Jährlingen. Erik und ich freuen uns, als würden wir nach langer Verbannung alten Freunden wiederbegegnen. Die Bären grasen gleichmütig weiter. Am nächsten Morgen ist die Familie wieder da, diesmal unten am Strand. Die Sonne scheint, und während wir hinten in den Bergen die letzten Schneelawinen des Winters ins Tal donnern hören, werfen sich die drei Halbstarken übereinander. Es ist Hochwasser, Erik und ich fahren mit dem Kanu nah an die Bären heran. Während Erik mit leichten Paddelschlägen die Position hält, filme ich. Das Licht ist optimal, und die Bären sind ganz ins Spiel vertieft, offenbar genauso froh wie wir, dass der Regen endlich aufgehört hat. Nummer eins springt auf Nummer zwei, während Nummer drei von der Seite kommt. Halb auf dem Sand, halb im Wasser kämpfen die Bären ihre Gefechte, stellen sich auf die Hinterbeine, umschlingen ihre Hälse, werfen sich hin und her, bis sie im Meer landen, aus dem sie dann wieder aufstehen. Die Sonne scheint in die Gesichter, mit großem Gehabe schütteln sich die Grizzlys die glitzernden Wassertropfen aus dem Pelz. Die Aufnahmen werden später zu unseren Favoriten gehören.

Endlich – der Sturm ist vorüber, und die Reise kann weitergehen.

10. KAPITEL

GOLDRAUSCH

Bei vielen Szenen haben wir uns gegenseitig gefilmt.

Mit dem nächsten Hochwasser verlassen wir die Lagune. Ich lenke das Boot in die schmale Fahrrinne, die uns ins offene Meer bringen wird. Bei Ebbe ist sie nur ein kleines Rinnsal. Erik steht vorne und schaut voraus, am liebsten wäre ihm, wir wären schon weiter und würden an jenem Fluss stehen, nach dem er mich nun schon so oft gefragt hat: »Papa, gibt es da wirklich Gold?«

Egal, wann und wo man Erik bitten würde, einmal seine Hosentaschen auszuleeren, es wären immer ein paar Steine dabei. Welche, die »besonders schön glitzern«, andere, die »so eine tolle Farbe« haben, oder solche, die »sicher wertvoll« sind. Wie oft ist er hier in Alaska, während ich gefilmt habe, schon in seiner Trainingshose den Strand entlang gegangen und mit vollen, ausgebeulten Taschen wiedergekommen, die er dann Fundstück für Fundstück vor mir geleert hat. Er kann es kaum fassen, was da so alles rumliegt.

Ich weiß noch, wie wir an einer steinigen Küste den ersten großen Kristall entdeckt haben. Die Felsen dort sind riesig und ziemlich porös, ich vermute, dass sie aus Basaltgestein bestehen. Wenn die Brandung dagegen klatscht, spült sie immer wieder Kristalle frei, die man dann, zum Teil schon leicht poliert, am Strand finden kann.

»Schau mal, Erik, das ist ein Edelstein!«

»Was ist ein Edelstein?«

»Auf der Rockwell-Härte-Skala hat er mindestens Härtestufe acht, im Vergleich dazu hat Kreide eins, Diamant hat zehn.«

»Dann ist der Stein also wertvoll?«

»Könnte man sagen.«

Ich kenne diese Leidenschaft für Steine, als Junge war ich ähnlich. Wir wohnten damals im Thüringer Wald, und ganz in der Nähe unseres Hauses floss ein Bach, in dem es Gold geben sollte. Tagelang bin ich mit meinen alten Gummistiefeln und meiner Schaufel durch das Wasser gestapft und habe gegraben. Als Goldwaschpfanne diente mir eine alte Plastikschüssel. Und ich war unglaublich aufgeregt, als ich tatsächlich Amethyste fand – zwar kein Gold, aber doch Edelsteine.

Nun sind Erik und ich ebenfalls unterwegs, um Gold zu schürfen. Der Fluss, den wir ansteuern, ist von Gletschern gespeist und liegt eine Halbtagestour von der Küste entfernt oben in den Bergen. Ich selbst habe dort schon einige Male kleine Waschungen vorgenommen. Immer wieder bin ich dabei auf Goldstaub gestoßen, leider so fein, dass er, sobald ich begann, die Pfanne zu schwenken, mit dem Sand hinausgespült wurde. Allerdings hatte ich meine Proben immer nur in Ufernähe entnommen, und ich bin mir fast sicher, dass sich in der Mitte des Flusses, wo er am tiefsten ist, größere Stücke befinden müssen, da sich Gold, das zweitschwerste Element nach Platin, immer an der tiefsten Stelle ablagert. Vom fließenden Wasser wird es dort rund getrommelt.

Der Fluss ist trüb, tosend und reißend. Nach einer kurzen, schnellen Segelfahrt haben wir am Vortag die Küste erreicht und sind am Morgen mit großer Ausrüstung losgezogen: Kamera, Stativ, Goldwäscherpfanne und einem langen Seil, das ich jetzt an einem Felsen am Ufer festknote. Das andere Ende schlinge ich mir um die Hüfte. Ein Fehltritt würde genügen, um mich aus dem Gleichgewicht zu bringen, und ich kann nicht wirklich einschätzen, welche Kräfte das Wasser hier hat. Ich habe eine Badehose an und trage Schuhe, damit ich mir nicht die Füße aufschlitze. Es wäre effektiver und wesentlich weniger strapaziös, einen Trockenanzug anzuziehen, aber ich habe diesen Spleen im Kopf, Erik ein Stück alter Alaskanischer Romantik vorzuführen, und dazu passt der Trockenanzug einfach nicht. Während ich in den Fluss steige, frage ich mich selbst für einen Moment, warum ich so an diesem Klischee hänge. Ich denke, dass ich damit die größere Herausforderung verbinde, die ich natürlich unbedingt meistern will. Auch meinen letzten Elch

Erik mit fettem Fang

habe ich mit einer alten Winchester geschossen, obwohl ich einen hochmodernen Blaser R 93 Repetierer dabeihatte – Erik war begeistert. Fehlt nur noch ein Buffalo-Bill-Hut mit einer großen Adlerfeder dran, und die Welt ist in Ordnung.

Das Wasser ist kalt. Ich schwöre mir, nur ein einziges Mal hineinzugehen und es dabei zu belassen. Erik wartet am Ufer. Ich kämpfe mich Schritt für Schritt zur Mitte des Flusses vor. Dort angekommen, folgt der härteste, unangenehmste Teil: Ich tauche unter Wasser, fülle Sand und hoffentlich jede Menge Gold vom Grund des Flusses in die Pfanne, komme wieder hoch und laufe möglichst schnell zurück zum Ufer.

Tatsächlich haben wir Erfolg: Als der Sand herausgewaschen ist, bleiben neben anderen Steinen zwei erbsengroße Goldstücke übrig. Erik will sofort wissen, wie viel sie wert sind. Ich schätze sie auf sechzig bis siebzig Dollar. Der Junge ist richtig aufgeregt und schaut mich erwartungsvoll an. Offenbar geht für ihn das Abenteuer gerade erst los, und auch mich packt jetzt das Goldfieber. Also drehe ich um, obwohl mir bereits saukalt ist, und mache mich gegen meinen ursprünglichen

102

Plan noch zwei weitere Male auf den Weg. Ich fluche, fühle mich überfordert, spüre mittlerweile kaum noch meinen Unterleib, aber eine merkwürdige Gier hindert mich daran, dieses unnötige Experiment so schnell wie möglich zu beenden. Als ich endlich das letzte Mal aus dem Wasser komme, sind meine Beine vollkommen steif, meine Arme blau vor Kälte.

Dafür haben wir noch weitere, ähnlich große Funde gemacht. Erik wiegt das Gold stolz in seiner Hand, er will es partout verkaufen, obwohl ich ihm vorschlage, dass er doch eine Kette daraus machen lassen oder es seinen Freunden zeigen könnte, aber ein Kind denkt anders.

Wenn man in dem Fluss systematisch suchen würde, könnte man sicher eine beträchtliche Menge Gold zusammenbekommen. Mich kostet die ganze Sache eine üble Blasenentzündung, die mich einige Tage quälen wird, aber dennoch nicht daran hindert, schon wenig später die nächste unüberlegte Aktion zu starten.

Der stolze Angler präsentiert
seine Beute.

Eine Elchkuh macht mir schöne Augen.

Erik und ich halten Ausschau nach Bären, als wir in einem Tal einen Elchbullen sitzen sehen. Die Augen halb geschlossen, döst er vor sich hin. Bis zur Paarungszeit, die Mitte September beginnt, besteht seine Hauptaufgabe darin, möglichst viel zu fressen, um in den bevorstehenden Kämpfen mit der Konkurrenz die notwendige Kraft aufzubringen.

Sobald die Brunft beginnt, hören die Bullen auf zu fressen und geben den ganzen Tag in kurzen Abständen ein ganz spezielles Geräusch von sich, eine Art tiefes Knörren, das eindeutige Zeichen für ihre Paarungsbereitschaft. Nun kann es jeder Zeit zu Kämpfen kommen, die häufig ganz harmlos verlaufen: Die Kontrahenten stehen sich gegenüber, gehen in Zeitlupe Schritt für Schritt aufeinander zu, nehmen, Geweih voran, den Kopf nach unten, wiegen ihn hin und her und präsentieren dem Gegner damit möglichst eindrucksvoll, was sie zu bieten haben. Häufig gibt einer der beiden Bullen schon zu diesem Zeitpunkt auf und überlässt dem anderen das Feld. Der siegreiche Elch wird den besten Brunftplatz besetzen und dort das Weibchen in Empfang nehmen. Halten sich beide Tiere für den Stärkeren, kommt es zum Kampf. Dann können

Geweihschaufeln brechen, Bäume, die zufällig im Weg stehen, entwurzelt und einer oder beide Kontrahenten ernsthaft verletzt werden. Dass sich die Tiere dabei töten, ist eher ungewöhnlich, dennoch habe ich selbst einmal die Überreste zweier Elchbullen gefunden, die beide im Kampf gestorben sind. Offenbar hatten sich ihre Geweihe dermaßen ineinander verhakt, dass sie einfach nicht mehr auseinander kamen.

Erik will wissen, wie das Brunftgeräusch der Bullen klingt und ich ahme es nach, was relativ einfach ist: Ich halte die Hände halb geschlossen vor Nase und Mund und bilde durch die Nase in kurzen Abständen mehrere quäkende Töne. Offensichtlich klinge ich recht authentisch, denn der Bulle schaut prompt zu uns herüber, steht langsam auf und geht in unsere Richtung den Hang hinauf. Was wir allerdings nicht gesehen haben: Auf der anderen Seite des Hügels steht eine Elchkuh mit ihrem Kalb und einem Jährling. Auch sie wird von den Geräuschen angezogen und kommt nun unverhofft über den Hang getrabt. Wie zuvor der Bulle schaut auch sie etwas irritiert: Es ist doch noch gar keine Brunftzeit! Mal schauen, was da los ist.

Aus lauter Übermut gebe ich noch einen weiteren Brunftlaut von mir und scheine damit mitten im Sommer die Elche in Paarungsstimmung zu versetzen. Die Kuh läuft auf mich zu und gibt nun ihrerseits einen lang gezogenen, verliebten Ruf von sich. In einer Karrikatur würden jetzt kleine rote Herzen von ihr zu mir fliegen. Erik kann sich kaum halten vor Lachen. Die Kuh kommt näher, bald ist sie nur noch drei Meter entfernt, was mir doch ein bisschen zu intim ist. Ich versuche, sie zu verscheuchen, aber sie reagiert nicht. Erik steht immer noch kichernd da. Die Kuh rührt sich nicht von der Stelle. Langsam ziehen wir uns zurück, doch die Elchkuh folgt uns, Kalb und Jährling im Gefolge, und ich habe keine Ahnung, wie wir uns aus dieser Situatuion befreien sollen.

Letztendlich rettet uns der Bulle, der in seinem gemächlichen Tempo endlich auch den Berg hochgekommen ist und nun sehr zum Gefallen der Elchkuh ebenfalls ins Brunftkonzert einstimmt. Sofort verlagert sich ihr Interesse auf den Neuen, der nicht nur die richtigen Geräusche macht, sondern auch besser riecht. Vor lauter Aufregung uriniert er sich immer wieder gegen den Bauch und erzeugt damit genau den Geruch, der die Kuh so magisch anzieht – in der Brunft nässen die Bullen sogar in die Kuhle, die sie für die Paarung geschlagen haben. Unsere Elchkuh ist mittlerweile auch ganz aufgeregt und reibt sich an der Flanke des Bullen.

Erik schaut angewidert zu. »Genau an der Stelle hat er sich vorher angepinkelt!« Langsam verlassen wir den Schauplatz, für die Elche sind wir jetzt Luft.

Elche sind die größte Hirschart. Das mächtige Geweih wird bis zu 1,60 Meter breit und wiegt dann ca. 25 Kilo.

12. KAPITEL

UNSER FREUND, EIN BÄR

Fuzzys vorsichtige erste
Annäherung

Sechs Wochen sind wir nun schon unterwegs, und das Reisen von Bucht zu Bucht, das Ankommen wie das Abschiednehmen, ist zur Routine geworden, auch für Erik. Doch jetzt begegnen wir einem Tier, das alles auf den Kopf stellen wird.

Wir liegen nachts in unseren Kojen, als wir aus der Ferne ein Klagen hören. Erik ist der Meinung, dass es ein Elch ist. Ich bin mir nicht sicher; es könnte auch ein Bär sein. Am nächsten Morgen schauen wir zur Küste hinüber, vor der wir den Anker gesetzt haben. Nicht weit vom Ufer entfernt liegt ein Hang, auf dem tatsächlich ein kleiner Bär entlang spaziert. Offensichtlich handelt es sich um einen Jährling, aber wo ist seine Mutter? Wir beobachten ihn eine Weile durchs Fernglas. Der Bär ist eifrig damit beschäftigt, Kräuter und Lilien zu fressen. Mit dem Kanu fahren wir zur Küste. Es dauert nicht lange, bis der kleine Grizzly herunterkommt. Zwanzig Meter vor uns bleibt er stehen. Wir sprechen ihn an: »Hallo! Wo kommst du denn her?«, reden irgendetwas, um ihm zu zeigen, dass wir harmlos und ihm wohlgesonnen sind. Der Bär ist offensichtlich neugierig, er braucht nicht lange, bis er sich näher an uns herantraut. Nach zwei Stunden ist er nur noch ein paar Meter entfernt. Von der Mutter ist weiterhin nichts zu sehen, es scheint, als hätte der Kleine den Anschluss verloren. Wir bleiben eine Weile und fahren dann mit dem Boot zum Fischen aufs Meer hinaus. Erst spät am Abend sind wir wieder an der Küste. Von dem Grizzly ist nichts zu sehen.

Der nächste Morgen. Kaum sind wir am Strand gelandet, ist der kleine Bär schon bei uns. Er scheint wirklich allein unterwegs zu sein, umso erstaunlicher ist, dass er sich in einem so guten Ernährungszustand befindet. Er weiß sich offenbar zu helfen. Gerade macht er sich über die Seepocken her, die überall am Strand liegen. Mit der Pfote drückt er die kleinen Muscheln platt und leckt anschließend den Inhalt, Fett und Eiweiß, ab. Als die Sonne rauskommt, gehen wir schwimmen, und sofort tapert der Kleine zu unseren Sachen, schnuppert ausgiebig daran herum – und beißt ein Loch in Eriks Hose.

Die nächsten Tage laufen nach einem ähnlichen Schema ab: Wir erkunden die Insel und fahren mit dem Boot zum Fischen raus. Zwei Stunden brauchen wir, um aus der Bucht aufs offene Meer zu segeln. Dort, im Golf von Alaska, lassen wir unsere Köder ins Wasser und müssen nie lange warten, bis wir den ersten Biss haben. Oft sind die Fische riesig, große Heilbutte, an denen wir eine Woche essen würden. Wir haben keine Gefriermöglichkeit an Bord, und so haken wir sie mit einer Spezialzange aus und werfen sie zurück ins Meer. Nur die kleineren Exemplare behalten wir. Wenn wir von einer solchen Tour zurückkommen, steht der kleine Bär meist schon wartend am Strand. Bei unseren

Der kleine Bär weicht uns nicht von der Seite.

Streifgängen über die Insel weicht er uns nicht von der Seite, und fast wie von selbst bekommt er irgendwann einen Namen, ich weiß nicht mehr, ob von Erik oder mir: Fuzzy-Bär. In diesem Moment beginnt eine Entwicklung, die nur noch schwer zu stoppen ist. Ein Bär mit einem Namen rückt unweigerlich näher an den Menschen heran, ein Bär mit einem Namen ist fast ein Freund.

Vor allem in amerikanischen Tierfilmen ist es durchaus üblich, einzelnen Tieren Namen zu geben, was ja durchaus Vorteile hat. Ich muss nicht mehr von der Mutter mit den drei Jungen oder vom alten Grauhaarigen mit dem Knickohr sprechen, sondern kann einfach Olga oder Willi sagen. Wenn ich mich dennoch bis heute weigere, so zu arbeiten, dann deshalb, weil mir die Gefahr zu groß erscheint, ein falsches Bild von den Tieren zu vermitteln.

»Fuzzy, komm mal her!« Erik ruft und der Bär kommt. Am Abend sitzen wir unten am Kiesstrand und Fuzzy hockt neben uns am Feuer, schaut erwartungsvoll auf unseren gegrillten Fisch, und schon sind Erik und ich mitten in einer Diskussion:

»Papa, und wenn wir ihm ein Stück abgeben?«

»Erik, du weißt, dass das nicht geht.«

»Aber den ganzen Fisch können wir eh nicht essen, das ist viel zu viel für uns.«

»Wenn wir ihm jetzt etwas geben, wird er die nächsten Menschen, denen er begegnet, ebenso hartnäckig belagern. Das eskaliert irgendwann. Wenn er groß und kräftig ist und dann immer noch sein Futter einfordert, kann er einen Menschen unter Umständen schwer verletzen.«

»Ja, aber ...«

Erik ist hartnäckig, der kleine Bär ebenfalls. Der Blick aus seinen großen braunen Augen haftet fest an dem potenziellen Abendessen. Auch mir tut der Kleine Leid. Ich glaube, es gibt kaum ein Landsäugetier, mit dem man so mitfühlt wie mit einem Bären, außer vielleicht noch mit einem Menschenaffenkind. Schließlich einigen wir uns darauf, dass wir unbemerkt von Fuzzy-Bär und scheinbar ganz zufällig am Strand ein paar Fischreste liegen lassen, obwohl ich davon nicht wirklich begeistert bin. Der Kleine verschlingt gierig, was er bekommen kann.

So wie der Bär uns begleitet, begleiten wir ihn. Einmal schwimmt er durch eine Lagune zu einer kleinen Insel, wir fahren mit dem Boot neben ihm her. Wer uns dabei beobachten würde, könnte meinen, dass es sich bei Fuzzy um einen zahmen Bären handelt. Dann wieder ist er für zwei, drei Tage verschwunden. Ich vermute, dass er die Zeit damit verbringt, Unmengen von Grünzeug zu fressen. Wahrscheinlich hat er sich mit dieser vegetarischen Kost bis heute am Leben gehalten, aber

Nicht nur Fuzzy ist Besitz ergreifend: Ein Bär hat sich meine Unterwasserkamera geangelt.

für die Fettreserven, die ein Bär im Winter braucht, wird diese Nahrung sicher nicht reichen. Und der Küstenabschnitt, an dem er sich aufhält, ist so karg, dass kaum mehr als Gras und Seepocken zu finden sind; kein Wunder, dass sich kaum ein anderer Grizzly hierher verirrt. Nur ein einziges Mal taucht ein junges Männchen, vielleicht vier, fünf Jahre alt, am Strand auf – Fuzzy schaut kurz auf, dreht sich in Panik um und rennt einen steilen Hügel hoch, ein Fels, der schätzungsweise mindestens zweihundert Höhenmeter hat. Fuzzy klettert, so schnell er kann, bis ganz nach oben und traut sich erst viele Stunden später, als ihm der Magen knurrt, wieder runter, um am Strand nach Essbarem zu suchen.

Einige Tage später löst Erik, ohne es zu wollen, das gleiche Verhalten noch einmal aus: Es ist bereits später Abend, das Licht leicht dämmrig, als sich der Junge in den Sand hockt und anfängt, wie ein Bär zu graben. Fuzzy ist vielleicht sechzig, siebzig Meter von Erik entfernt und liegt entspannt am Strand, als er Eriks Silhouette sieht und offenbar für einen Bären hält. Er springt auf und flüchtet. Erik und ich rätseln, wieso er solche Angst vor seinen Artgenossen hat. Vielleicht wurde seine Mutter von einem anderen Bären getötet?

Wir fahren für ein paar Tage in eine Nachbarbucht. Als wir zurückkehren, brauchen wir nicht lange zu warten, bis Fuzzy über den Hügel trabt. Wenn Erik losrennt, läuft der Bär ihm schon hinterher, wenn Erik im Sand spielt, steht Fuzzy ein paar Meter daneben und zerquetscht seine Seepocken. Immer wieder holt Erik seinen Fotoapparat heraus – Fuzzy im Liegen, im Sitzen, Fuzzy, wie er über den Strand läuft. Sein schönstes Bild: Fuzzy, der auf den Hinterbeinen steht und forsch in die Linse schaut. Ich glaube nicht, dass zwischen einem wilden Bären und einem Kind noch mehr Nähe möglich ist. Abends sitzen wir wieder zu dritt beisammen, und Erik und ich schmieden Pläne, von denen wir beide wissen, dass wir sie nie umsetzen werden:

»Man könnte Fuzzy doch mit Schlaftabletten betäuben und mit dem Boot an einen Fluss bringen, an den bald die Lachse kommen.«

»Genau, und dann kann er sich richtig satt essen.«

»Aber er hat doch solche Angst vor anderen Bären. Da würde er gleich wieder abhauen.«

»Tja, was dann?«

»Vielleicht bringen wir ihn zu einer anderen Bärin?«

»Man müsste sie irgendwie überlisten, damit sie ihn annimmt.«

Aber wir wissen doch, dass wir uns bald trennen müssen. Mit der Zeit wird der Bär immer fordernder. Er begnügt sich nicht mehr damit, artig neben uns zu sitzen, sondern will uns den Fisch am liebsten aus der Hand reißen und wird sauer, weil er nichts bekommt. Wir müssen ihn energisch zurückweisen – bis auch das nicht mehr reicht. Während einer Mahlzeit schnappt Fuzzy plötzlich nach meiner Jacke und schleift mich durch den Sand. Ich brülle ihn an, bis er mich schließlich loslässt. Für mich das Signal zum Aufbruch. Der Bär wiegt in seinem Alter an die fünfzig, sechzig Kilo und ist so groß wie ein Rottweiler. Irgendwann würden seine Spiele heftiger werden, statt der Jacke würde er sich als Nächstes meinen Arm oder Eriks Bein schnappen. Von einer Bärenmutter bekäme er dafür einen ordentlichen Prankenhieb und die Sache wäre geklärt, ein neunjähriger Junge könnte dem wenig entgegensetzen.

Erik hat Tränen in den Augen, als wir mit dem Boot von der Küste wegsegeln. Am Strand steht allein ein kleiner Bär und schaut uns hinterher. »Tschüss, Fuzzy, mach's gut! Vielleicht sehen wir uns ja mal wieder!« Erik ist fest davon überzeugt, dass der kleine Bär sich durchschlagen wird. Ich befürchte, dass er sich irrt. Letztendlich fehlen Fuzzy die nahrhafte Muttermilch und die Führung durch ein Alttier. Denkbar, dass er es im Winter bis in die Höhle schafft und dort an Unterernährung stirbt. Oder aber er kommt im Frühjahr völlig abgemagert wieder herausgewackelt. Auch dann wäre die Gefahr noch nicht vorüber, denn in diesem Zustand wäre er leichte Beute für andere Bären. Später im Jahr sollte ich noch einmal ohne Erik für ein paar Wochen nach Alaska reisen, einige der alten Plätze wieder aufsuchen und auch Fuzzy wiedertreffen, inzwischen im schönen, dichten Winterfell, aber mit einer klaffenden Wunde auf dem Rücken.

13. KAPITEL

DIE WANDERUNG DER LACHSE

Erik mit einem kapitalen Saibling

Wie lenkt man einen abenteuerbegeisterten Jungen von seinem Abschiedsschmerz ab? Ich war mir sicher, dass Erik den kleinen Bär vergessen würde, wenn ich ihn mit einer Angel an einen Fluss stellen würde, in dem sich die Lachse drängeln.

Zwischen Juni und Oktober findet an der Aleutenküste der große Ansturm der Lachse statt: Die Fische kehren in großen Schwärmen aus dem Meer zurück und sortieren sich in die Flüsse ein. Die Altiere, die bereits mehrere tausend Kilometer im Meer hinter sich gebracht haben, halten sich für einige Tage an der Flussmündung auf, um sich an das Süßwasser zu gewöhnen, und schwimmen anschließend bis auf wenige Meter genau zu der Stelle, an der sie selbst vor Jahren aus dem Ei geschlüpft sind. Als Orientierung dienen ihnen Duftstoffe im Wasser. Sobald sie ihre Geburtsstätte erreichen, legen die Weibchen den Laich in Kieskuhlen ab, die Männchen befruchten ihn. Ihr Lebensziel ist damit erreicht, und oft sterben die Altfische nur wenige hundert Meter weiter. Drei bis fünf Monate später schlüpfen die jungen Lachse, wachsen im Fluss heran und schwimmen dann ebenfalls ins Meer hinaus.

In meinem Logbuch habe ich mittlerweile viele dieser Flüsse verzeichnet, zusammen mit den Terminen, an die sich die Lachse erstaunlich genau halten – Informationen, die sich jeder erarbeiten kann, wenn er die nötige Zeit und Geduld aufbringt. Ich habe sie zwölf Jahre gesammelt, und jedes Jahr kommen neue Orte hinzu. Den Lachsfluss, zu dem wir jetzt unterwegs sind, habe ich vor zwei Jahren entdeckt, und so wie die anderen Buchten, Ankerplätze und Inseln, die ich mit Erik besuche, werde ich auch ihn nicht genauer bezeichnen. All dies sind Punkte auf meiner persönlichen Schatzkarte, unendlich wichtig für meine Arbeit.

Nach fünfundzwanzig Seemeilen erreichen wir die kleine Bucht, in der wir vor Anker gehen wollen. Wir laufen bei Hochwasser ein, ich konzentriere mich aufs Navigieren, um die schmale Einfahrt zu finden, und bin froh über die Landmarker, die ich mir ins Logbuch geschrieben habe. Vorn im Bugkorb steht Erik und schaut nach Hindernissen. Schon vom Boot aus sehen wir den kleinen Fluss, der zu diesem Zeitpunkt voller Lachse sein müsste. Wir bepacken das Kanu mit Ausrüstung und Zelt und machen uns auf den Weg.

Bisher haben wir die meisten Nächte im Boot verbracht. Bei den vielen Stürmen und Schlecht-Wetter-Perioden der ersten Wochen waren wir froh, dort eine Heimat zu haben, die Geborgenheit fester Wände zu spüren. Aber jetzt haben wir einen mehrstündigen Weg vor uns, und da wir eine Weile bleiben wollen, ist es sinnvoll, dort oben das Camp aufzuschlagen. Für Erik ist das ohnehin keine Frage. Was wäre das für

Ein Hundslachs kann bis zu 20 Pfund schwer werden.

Silberlachse auf ihrer Wanderung. Nicht alle erreichen das Ziel.

ein Urlaub in der Wildnis, wenn man nicht auch Nächte im Zelt verbringen würde?

Wir ziehen los. Gleich auf den ersten Metern schwimmen die ersten Buckellachse neben uns her. Erik würde am liebsten schon seine Angel auswerfen, aber ich kenne eine bessere Stelle. Während wir weiterlaufen, bekommen wir eine Ahnung davon, welche Anstrengung die Lachse auf sich nehmen müssen. Auf ihrem Weg flussaufwärts müssen sie permanent gegen die Strömung anschwimmen, dazu kommen mehrere Staustufen, über die wir unser Kanu tragen. Die Lachse müssen warten, bis der Wasserstand hoch genug ist, um mit einem kraftvollen Sprung die nächste Stufe zu erklimmen. An jeder Stufe bleiben einige Lachse hängen, sterben erschöpft, noch bevor sie ihren Laichplatz erreicht haben.

Schon nach kurzer Zeit sehen wir zwei Weißkopfseeadler in der Luft, bald tauchen die ersten Bären im Wasser auf. Auch ihr Interesse gilt den Buckellachsen, einer von vier Lachsarten in Alaska. Allen gemeinsam ist, dass sie ihr charakteristisches Aussehen erst bekommen, wenn sie aus dem Salz- ins Süßwasser wechseln, ihre Nahrung einstellen und kurz vor dem Laichen sind. Dem Buckellachs wächst dann direkt vor der Rückenflosse ein großer runder Buckel, während sich beispielsweise der Rotlachs, der bis dahin silbrigweiß war, in ein sattes Scharlachrot verfärbt. Er ist der kleinste der Lachse und bringt maximal fünf Kilo auf die Waage. Daneben gibt es noch den Silberlachs, der im Süßwasser einen roten Rücken und grünen Kopf bekommt, und den Hundslachs, dessen Kiefer wächst, so dass der Fisch seine Zähne zeigt.

So viel Nahrung, wie die Bären zur Zeit des Lachsansturms auf den Aleuten zu fressen bekommen, finden sie nirgendwo sonst. Entsprechend kräftig sind die Grizzlys, alle rund und gut genährt, ausgewachsene Männchen können bis zu dreimal so schwer wie ihre Artgenossen im Inland werden.

Bei der nächsten Staustufe, an der wir das Kanu umtragen müssen, baue ich die Kamera auf, um die Szene zu filmen. Mit dem umgedrehten Kanu auf dem Kopf laufe ich los; da ich in diesem Zustand wenig sehen kann, soll Erik mir den Weg weisen. Die Kamera läuft, vor der Linse ein Mann mit einem Kanu, der auf dem kürzesten Weg aus dem Bild wandert. Wir drehen noch einmal, und wieder lotst mich Erik zielsicher in die falsche Richtung. Ich herrsche ihn an: »Jetzt konzentrier dich doch mal! Wie oft sollen wir das Ganze denn noch wiederholen?« Erik sagt nichts, beim dritten Mal klappt die Aufnahme, und ich bin etwas kleinlaut. War mein Ausbruch nötig? Ich bin angestrengt, spüre, wie die Enge zwischen uns in diesem Moment auf meine Stimmung drückt; man muss das mögen, seinen Sohn drei Monate lang mit einer räumlichen Distanz von einem bis zehn Metern in seiner Nähe zu haben, vor allem als einzelgängerisch lebender Vater. Umso erstaunlicher, dass wir uns während der ganzen Zeit nie wirklich streiten.

Als Kind habe ich mich immer nach einem harmonischen Vater-Sohn-Verhältnis gesehnt und es regelrecht romantisiert. Ich war sechs, als sich mein Vater von uns verabschiedete. Meine Mutter, eine attraktive Frau, war anschließend mit verschiedenen Männern zusammen, teilweise hatte sie drei Liebhaber gleichzeitig. Bis sie mir schließlich einen Stiefvater präsentierte, der in mir zuallererst eine billige Arbeitskraft sah und der letztendlich einer der Gründe für meine Flucht aus der DDR war.

Nun, selbst ein Vater, habe ich manchmal das Gefühl, meine Rolle nicht gut auszufüllen, nicht genug für meine Söhne da zu sein. Andererseits verbringen wir immer wieder intensive Zeiten miteinander, und für so ein handfestes Abenteuer, wie Erik es gerade erlebt, hätte ich früher alles gegeben. Wir haben uns damals unsere eigene Abenteuerwelt geschaffen, Sprengstoff hergestellt und Baumstämme explodieren lassen; mit Luftgewehren auf die Hühner des Nachbarn geschossen, viele verletzt, bis endlich eines tot war, das wir rupfen und im Wald grillen konnten. Aus heutiger Sicht ist das alles andere als lustig, und ich bin froh, dass die Streiche meiner Söhne wesentlich moderater ausfallen.

Der Platz, den wir schließlich erreichen, ist spektakulär. Mitten aus dem üppigen Grün schießt ein breiter Wasserfall rauschend in die Tiefe. Für die meisten Lachse ist hier Endstation. Selbst bei höchstem Wasserstand kommen nur die stärksten Tiere über diese Hürde, und so stapeln sich die Fische in einem großen Becken direkt unterhalb des Wasserfalls. Am Ufer stehen zwei Bären, die immer wieder ins Wasser schauen und hin und her laufen, in der Hoffnung, doch noch eine Möglichkeit zu finden, an die Fische heranzukommen. Aber zu ihrem Bedauern ist das Wasser viel zu tief, als dass sie mit ihrer Jagdmethode Erfolg haben könnten. Und zu meinem Bedauern auch: Ich weiß genau, wie die Bilder von Bären ausgesehen hätten, die vor diesem Panorama fischen.

Stattdessen halten sie sich etwas weiter unten am Flusslauf auf – fünf Tiere, die in unserer näheren Umgebung verteilt sind, patrouilliert von flatternden Möwen, die in der ständigen Bereitschaft sind, nach einem Stück Fisch zu schnappen, sobald der richtige Moment kommt. Mit großen Sprüngen werfen sich die Bären in den bauchhohen Fluss und erzeugen eine Druckwelle, die die Lachse durcheinander wirbelt. Das sieht nicht sehr elegant aus, aber effektiv. Anschließend greifen sie zu und halten bald, wenn sie erfolgreich sind, ihre Beute zwischen den Vorderpfoten, die sie am besten noch an Ort und Stelle verschlingen. Denn ein Lachs in den Pranken ist noch keine Garantie auf eine Mahlzeit, es muss nur ein stärkerer Bär auftauchen und die Beute für sich

*Erik mit seinem ersten
Rotlachs*

beanspruchen. Ich bin froh, dass Erik und ich etwas abseits vom größten Gerangel stehen.

Mir selbst ist schon einmal von einem Grizzly der Fisch von der Angel weggeschnappt worden – inklusive des Köders, was ich fast noch schlimmer fand. Ich experimentierte damals mit der Fliegenrute, ohne damit wirklich Erfolg zu haben. Die Technik an sich ist schon äußerst anspruchsvoll: In großem Bogen wird die Schnur über das Wasser geworfen, so dass der Köder, eine Fliegenattrappe, auf der Oberfläche treibt und der Fisch – hoffentlich – danach schnappt. Nach meinen Fliegen schnappte kein Tier, ich sah die Fische überall im Wasser, aber sie bissen nicht. Also probierte ich immer wieder neue Fliegen aus: eine rote, eine gelbe, eine mit viel Silber, eine mit viel Blau, und siehe da: Plötzlich hatte ich eine Fliege gefunden, um die sich die Lachse regelrecht drängelten. Ich hatte sie selbst gebunden: ein Stück Fell, ein paar Haare, Draht, ein Haken – man kann an dieser Bastelei drei bis vier Stunden sitzen und sich regelrecht darin verlieren. Vielleicht klebt man noch kleine Flügelchen an und natürlich die Knopfaugen, und dann muss man Acht geben, dass der Haken richtig sitzt. Es ist so, als würde man ein kompliziertes Modell bauen.

Die neue Fliege funktionierte großartig. Die Lachse bissen, ohne zu zögern. So auch an einem der folgenden Tage. Es regnete ziemlich stark, und ich stand mit der Wathose im Wasser. Am Ufer saß ein Bär und beobachtete mich. Schon nach kurzer Zeit hatte ich einen Lachs an der Angel, die Rute bog sich und zu meinem Pech ging der Lachs über eine Kiesbank. Das war der Moment, auf den der Bär offensichtlich gewartet hatte. Ohne zu zögern, sprang er ins Wasser, schnappte sich den Fisch und lief damit zum anderen Ufer hinüber. Statt ihm das Feld zu überlassen, was sicher klüger gewesen wäre, schrie ich ihm nach: »*Hey, that's my fish!*«, aber der Bär hatte den Lachs schon im Maul und machte sich auf und davon – nun hatte ich einen Grizzly an der Angelschnur. Oder er mich. Statt mich endlich zurückzuziehen, stolperte ich hinterher, bis endlich die Schnur riss. Meine letzte Hoffnung war, dass der Dieb den Kopf des Fisches übrig lassen würde und ich meine kostbare Fliege noch retten könnte, aber da schluckte er schon den letzten Bissen hinunter.

Erik wirft die Schnur aus, direkt in das große Becken. Auf der Fahrt hierher habe ich ihm prophezeit, dass er auf acht von zehn Würfen einen Biss haben würde. Der erste Wurf, der erste Biss! Die Rute biegt sich, Erik zieht an, drillt den Fisch müde, gibt immer wieder Schnur nach

Erik kämpft mit seinem Fang.

und zieht sie ein, Stück für Stück. Die Rolle kreischt, bis Erik den Lachs endlich an Land holt, aushakt, wieder schwimmen lässt, erneut wirft – der nächste Biss. Er macht das so konzentriert, so ausdauernd und in einem Rhythmus, als hätte er seit Jahren nichts anderes getan. Offenbar steckt auch in meinem Sohn der archaische Jagdtrieb, den ich von mir selbst kenne. Je länger er sich hier in der Natur bewegt, desto deutlicher kommen die schlummernden Leidenschaften zum Vorschein – in einem Umfeld, in dem es oft tatsächlich darum geht, Beute zu machen; dies ist das große Thema hier draußen, für sämtliche Tiere und mit Abstrichen auch für uns.

Mit der Lust am Jagen, der Lust am Kräftemessen kommt aber auch eine andere Seite zum Vorschein: die Sorge für die Tiere. In den nächsten Wochen wird Erik immer wieder höchstpersönlich die Lachse auf die höhere Stufe tragen, obwohl er genau weiß, dass sich diejenigen Tiere, die zu schwach sind, alleine hochzukommen, auch nicht vermehren werden. Doch auch dieses Verhalten ist mir vertraut: Gib einem Jäger einen Speer und sag ihm, er soll einen Fisch damit erlegen und er ist mit Leidenschaft bei der Sache. Liegt dasselbe Tier aber hilflos zwischen zwei Steinen, ist es für den Jäger überhaupt keine Frage, den Burschen zu nehmen und den Bach hundertfünfzig Meter hoch bis zum nächsten See zu tragen.

Bevor ich damit begann, Tiere zu filmen, und nachdem ich mich von der Seefahrerei verabschiedet hatte, war ich Förster in der Eifel, wo ich auch meine Frau kennen lernte. Für meine Söhne war es immer ein großes Ereignis und ist es bis heute, wenn ich sie auf die Jagd mitnehme. Sie haben keinerlei Berührungsängste, im Gegenteil: Sowohl Erik als auch Thore schauen genau zu, wenn ich ein Reh häute, ein Wildschwein zerlege, sie haben keinerlei Ekel vor dem Anblick von Blut oder dem Geruch von Innereien. Als Erik seine ersten Fische angelte, untersuchte er mit großem Interesse den Mageninhalt. Er wollte einfach wissen, was die gefressen hatten! Oder wie ihre Organe aussahen. Ich glaube, dass viele Kinder so reagieren würden, nur kaufen ihre Eltern das Fleisch am liebsten so ein, dass kein Tropfen Blut mehr daran klebt, und auch den Kindern wird ein blutiges Tier bald suspekt.

Erik wirft, die Fische beißen, einen ganzen Tag lang, einen zweiten, wie in einem Forellenteich. Der Fischreichtum ist so extrem, dass es fast egal ist, was vorn an der Schnur hängt, selbst eine plattgedrückte Sicherheitsnadel mit etwas Wolle würde es vermutlich tun. Da die Lachse zu diesem Zeitpunkt ja ohnehin nichts mehr fressen, ist es eher ein Reflex, der sie zuschnappen lässt. Erik hat so etwas noch nie erlebt. Während er mit dem Angeln beschäftigt ist, filme ich, schaue dem Treiben im Fluss zu, telefoniere mit Birgit. »Ja, es geht uns gut. Nein, Erik ist unten

Für die nächsten Tage sind wir mit frischem Lachs versorgt.

125

am Fluss, ich soll dich aber schön grüßen.« Birgit weiß nicht, ob sie empört sein soll, weil ihr Sohn nicht mal fünf Minuten Zeit findet, mit ihr zu sprechen, oder ob sie sich freuen soll, weil es ihm ganz offensichtlich gut geht.

Am dritten Tag endlich legt der Junge die Rute aus der Hand. Pause. Satt geangelt. Erik hat mir nicht geglaubt, dass so etwas passieren könnte, denn normalerweise kann er immer angeln, egal, wie viele Tage hintereinander. Aber nach fünfundzwanzig Kämpfen mit fünfundzwanzig Lachsen lässt auch seine Lust nach. Wir sitzen nebeneinander auf dem Kies. Erik schaut ins Wasser, wo sich neben den Altlachsen der Nachwuchs tummelt, die Brut des Vorjahres oder zumindest der Teil davon, der nicht von den Forellen gefressen wurde. Bis sie eineinhalb Jahre alt sind, bleiben die Fische im Fluss, ernähren sich von Insekten und vor allem von ihren toten Verwandten. So schließt sich der Kreis. Erik hält ein Stück Fisch ins Wasser, und sofort schlängeln sich die kleinen Lachse um seine Beine, zupfen von allen Seiten an dem Filetstück. Ich filme mit der Unterwasserkamera.

Anschließend beobachten wir die Bären beim Fischen. Ein mittelstarkes Männchen, vielleicht fünf, sechs Jahre alt, watet durch den Fluss und dreht mit einer Pranke eine Steinplatte um. Aus Erfahrung weiß er, dass an solchen Stellen häufig tote Lachse liegen. Er nimmt den riesigen Stein, als ob es ein Teller wäre, schaut darunter, lässt ihn wieder ins Wasser platschen, geht zum nächsten und hebt auch den hoch. Als der Bär weitergelaufen ist, fordere ich Erik auf, mal auszuprobieren, wie hoch er die Platte heben kann. Trotz allem Ehrgeiz und rotem Kopf kann er sie keinen Zentimeter bewegen. Danach probiere ich es selbst, genauso eifrig und genauso erfolglos. Wieder bekommen wir eine vage Vorstellung von den Kräften eines ausgewachsenen Bären. Wenn diese Pranke mühelos einen riesigen Stein heben kann, dann kann man sich ausmalen, was passiert, wenn sie zuschlägt: Mit einer dicken Schramme kommt man sicher nicht weg, eher reißt einem der Bär den Kopf ab.

Einmal damit angefangen, experimentieren Erik und ich weiter und versuchen uns nun in der klassischen Fangmethode der Bären. Wir springen los: mit großem Geplatsche in den Fluss. Zwei Bären, die ein paar Meter weiter im Wasser stehen, schauen verwundert in unsere Richtung. Zwar haben wir nicht ihre mächtigen Körper und wenig Chance, eine Druckwelle zu erzeugen. Aber wenn man die Fische gut beobachtet und sich gezielt auf sie stürzt, erreicht man dennoch sein Ziel. Nach ein paar Versuchen haben wir beide mit bloßen Händen einen Fisch gefangen.

Viele der Altlachse, die nicht schon im Fluss gefressen werden, treiben entkräftet oder bereits tot mit der Strömung des Flusses zurück, oft schon so zerfleddert, dass ihnen das Fleisch in Fetzen am Körper hängt. So gelangen sie wieder ins Meer oder in einen der vielen Eisseen, die auf dem Weg dorthin liegen. Dank des kalten Wassers halten sie sich dort lange frisch, und so sind die Seen ein lohnendes Jagdrevier für die Grizzlys, selbst wenn der Lachsansturm schon fast vorbei ist. Behäbig laufen sie ins Wasser hinein und lassen sich zwei, drei Meter absinken, in der Hoffnung, auf dem Grund des Sees einen Fisch zu entdecken. Vor allem, wenn Wind und Regen den See aufmischen und Wellen und trübes Wasser die Jagd erschweren, zeigen sich jedoch die Grenzen dieser Technik. Dann wird die Suche mühsam, zäh. Ich habe bisher einen einzigen Bären getroffen, der sich über diese Hindernisse hinweggesetzt hat, und sein Ruf eilte ihm weit durchs Land voraus.

14. KAPITEL

EIN GRIZZLY AUF TAUCHSTATION

Der tauchende Grizzly im Gletschersee

Von mehreren Seiten hatte ich nun schon von einem hundert Jahre alten riesigen Grizzly gehört, der an einem großen See auf den Aleuten leben und tauchen können sollte wie ein Wal. Die Geschichte klang ziemlich abenteuerlich, aber dennoch erschien es mir wert, sie zu überprüfen. Aus all den verschiedenen Erzählungen errechnete ich mir, wo ungefähr dieser Bär leben müsste. Damals, im Spätsommer 1996, war ich noch nicht mit dem Segelboot unterwegs, und so ließ ich mich gemeinsam mit einem Kameraassistenten einfliegen. Mit großer Vorsicht landete der Pilot auf einem der vielen Kraterseen, was nicht ganz einfach ist, denn auch hier machen sich noch die Spuren der Explosion von 1912 bemerkbar. Große Stücke von Bimsstein, die der Vulkan damals ausgespuckt hat, schwimmen auf der Oberfläche, aus der Luft sehen sie aus wie Treibholz. Wäre das Flugzeug, eine alte Beaver, damit kollidiert, hätte es schwer beschädigt werden können.

In einem Fichtenwald schlugen wir unser Zelt auf und machten uns auf die Suche. Eindeutig – hier lebte ein Bär, und groß war er auch: Wir fanden riesige Trittsiegel, in die meine Hand bequem dreimal passte.

130

Wir fanden Kratzspuren in ziemlicher Höhe, Bärenlosung in beeindruckend großen Haufen – war das der Wunderbär?

In den folgenden Tagen erkundeten wir die Gegend rund um den See und entlang des einzigen Flusses, der hier mündete. Wir entdeckten weitere Spuren, einen Bären fanden wir nicht. Dann, eines Morgens, stand er da, an der Mündung des Flusses, oder zumindest stand da ein äußerst imposanter Grizzly: groß, massiv, ein wuchtiger Körper mit einem schweren, hängenden Bauch, der bei jedem Schritt schaukelte. Seine Ohren waren relativ klein und im oberen Drittel leicht abgeknickt, was auf ein fortgeschrittenes Alter hinweist. Den nächsten Hinweis auf sein Alter gaben die Zähne: gelb und klein, offenbar stark abgenutzt. Ich hätte den Grizzly zwar nicht auf hundert, aber doch auf ungefähr fünfunddreißig Jahre geschätzt. Ich beobachtete ihn durch das Fernglas: Der Alte legte sich in eine selbst gegrabene Sandkuhle, in die sein großer Bauch genau hineinpasste, und döste ein bisschen. Vorsichtig näherte ich mich, unsicher, was passieren würde. In diesem Alter war es nur wahrscheinlich, dass der Bär schon schlechte Erfahrungen mit Menschen gemacht hatte und dass er flüchten würde, sobald er meine Witterung aufnahm. Der Alte blieb ruhig und gelassen. Gespannt wartete ich darauf, dass er ins Wasser ging, und war vor allem neugierig, *wie* er ins Wasser ging.

Ein paar Stunden später: Der Bär stand auf und begab sich schweren Schrittes zum Ufer; so behäbig, wie er die Beine hob, musste es ihm Mühe machen. Ich stellte mir vor, dass diese stämmigen Füße schon

Über eine Tonne Gewicht dürfte dieser alte Bär haben.

Über Wochen blieb ich in der Nähe des Tauchers, um den Bär an meine Nähe zu gewöhnen.

viele, viele tausend Kilometer zurückgelegt hatten. Dann stieg der Alte in den See, senkte den Kopf, tauchte in einer Welle unter; für einen Moment waren sein breiter Rücken zu sehen, sein Gesäß, dann war er verschwunden. Tatsächlich, die Bewegung erinnerte an einen Wal. Dreißig Sekunden blieb der Grizzly unten, und als er wieder hochkam, hatte er einen Lachs in den Pranken. Von seinen Ohren lief das Wasser herunter, es tropfte von der Schnauze über den Hals ab. Der Bär stand mitten im See auf den Hinterbeinen und bis zu den Schultern im drei Grad kalten Wasser und fraß seinen Fisch. Er fühlte sich offensichtlich wohl und hatte nicht die Absicht, so schnell wieder an Land zu gehen. Sein Körper wirkte jetzt völlig anders, leicht und elegant – vor allem, wenn er tauchte, wie außer ihm kein Braunbär tauchen konnte.

In den folgenden Tagen und Wochen verbrachte ich so viel Zeit wie möglich mit dem Grizzly, ohne dass ich viele Aufnahmen machte. Bis heute arbeite ich so, dass ich die Tiere so lange an mich gewöhne, bis sie meine Anwesenheit fast vergessen. Erst dann kann ich wahre Geschichten erzählen.

132

Der Bär tauchte unter, und ich fragte mich, was passieren würde, wenn ich ihn dabei mit der Kamera begleite. An Land ließ er mich inzwischen bis auf zehn Meter heran, kam ich ihm jedoch näher, fixierte er mich mit einem Blick, der mich unwillkürlich umdrehen ließ. Nach wie vor empfand ich sein ganzes Auftreten als respekteinflößend, und wenn ich ihn unter Wasser filmen wollte, müsste ich deutlich näher als die tolerierten zehn Meter an ihn herankommen. Dennoch begeisterte mich der Plan unbeschreiblich. Noch nie waren solche Aufnahmen gemacht worden!

Der nächste Tag. Der Alte ging ins Wasser, ich zog meinen Neoprenanzug an und stieg hinterher. Dreißig Meter von ihm entfernt tauchte ich unter und schwamm in seine Richtung, bis ich das Gefühl hatte, ihm relativ nah zu sein. Die Sicht war nicht besonders. Ich tauchte auf und fast gleichzeitig kam der Grizzly wieder hoch, ein unglaublicher Moment, höchstens fünf Meter von mir entfernt durchbrach sein gewaltiger Kopf die Wasseroberfläche. Der Bär sah mich an. Ich kam mir ziemlich klein und hilflos vor; während ich mit den Füßen paddeln musste, um oben zu bleiben, stand er fest auf dem Grund des Sees. Hätte er sich von mir bedrängt gefühlt, wäre es für ihn eine Kleinigkeit gewesen, mir das klar zu machen. Einige Sekunden passierte nichts. Dann tauchte der Alte wieder unter, als sei nichts gewesen. Ich atmete erleichtert auf.

Es folgten Tage, an denen der See so aufgewühlt war, dass ich so gut wie nichts sehen konnte, es folgten Tauchgänge, bei denen ich vor lauter Nervosität vergaß, die Kamera einzuschalten. Und es folgten endlich die Aufnahmen, die ich mir erhofft hatte: Der Alte tauchte unter und ließ sich absacken, bis er den Grund erreichte, dann lief er fast schwebend wie ein Astronaut über den Boden, den Kopf auf der Suche nach Fischen nach links und rechts schwenkend. Aus Mund und Nase kamen Luftbläschen und mir schien, als reguliere er auf diese Weise seinen Auftrieb. Zielstrebig schwebte er auf einen Lachs zu, der über den Boden trieb, fing ihn mit den Vorderpfoten auf und kam wieder hoch. Ich war fasziniert. Der Bär hätte in seinem Alter vermutlich Schwierigkeiten, auf die übliche Art zu fischen, aber mit dieser Methode sicherte er sich mühelos seinen Nahrungsunterhalt, zumal er keinerlei Konkurrenz hatte.

Ich sah den alten Taucher nie wieder. Vermutlich ist er noch im gleichen Winter in seine Höhle gegangen und dort gestorben.

15. KAPITEL

ZWEIKAMPF MIT EINEM NERZ

An fast jedem Wasserlauf, den wir mit dem Kanu befahren, tauchen auch Bären auf.

Erik und ich paddeln mit dem Kanu über den Fluss, als wir einen Biber sehen, der große Äste zu seiner Burg schleppt. Er taucht unter und deponiert sie unter seinem Bau. Da die Tiere keine Winterruhe halten, haben sie den Sommer über gut zu tun, um genügend Nahrung zu sammeln. Mit ihren scharfen Zähnen können sie sogar Bäume fällen. Im Winter müssen sie dann nur noch aus einem unter dem Eis liegenden Eingang ihrer Burg zu dem Depot tauchen und die gehorteten Äste nach und nach hineinziehen. Bis zum Frühjahr werden sie keine andere Nahrung bekommen, und so ist der Zustand der Tiere gegen Ende des Winters oft kritisch. Hält die Kälte besonders lang an, verhungern viele von ihnen.

Wir sehen einen anderen Biber, der einen zerstörten Damm wieder aufbaut, und einen weiteren, der sich offenbar schon eine ganze Weile gegen die Strömung den Fluss herauf gekämpft hat. Ich vermute, dass er sich weiter oben einen neuen Lebensraum erschließen will, aber nun gehen ihm, in einem besonders wilden Flussabschnitt, offenbar die Kräfte aus. Seine Bewegungen sind langsam, er macht kaum noch

Strecke. In diesem Zustand ist er sicher für eine kleine Stärkung dankbar. Von einer Weide schneide ich einen großen Stock ab und lege ihn etwas oberhalb des Tiers ins Wasser. In fünf Metern Entfernung zum Fluss legen Erik und ich uns flach auf den Boden und warten. Das Tier kommt, kriegt deutlich sichtbar den Weidengeruch in die Nase, beißt herzhaft in den Stock und zerrt ihn aus dem Wasser. Drei Meter von uns entfernt hockt sich der Biber hin und frisst genüsslich die Rinde herunter. Ein idyllisches Bild, wenn nicht ausgerechnet die Biber in fast allen Gewässern Alaskas eine ziemlich gefährliche Colibakterie verbreiten würden, so dass man eigentlich überall mit einer üblen Magen-Darm-Erkrankung rechnen muss, sobald man das Wasser trinkt.

An einem anderen Tag sehen Erik und ich einen Flussotter mit seinem Jungen. Noch mehr als der Biber wurde der Otter früher wegen seines Pelzes gejagt. Man kann sagen, dass Alaska nur wegen seiner Pelztiere von den Russen entdeckt wurde – das Land selbst war damals bedeutungslos. Nachdem die Kosaken ihre eigenen Tierbestände in Kamtschatka geplündert hatten, kamen sie rüber nach Alaska, das voller Pelztiere war; es gab riesige Seeotter- und Zobelbestände, und systematisch wurde einem Tier nach dem anderen das wertvolle Fell abgezogen. Als diese Bestände nun auch geplündert waren, verkauften die Russen das Land 1867 an die Amerikaner.

Erik will wissen, was denn an dem Fell so besonders ist, und ich erkläre ihm, dass es ausgezeichnet vor Kälte schützt und die gleiche Funktion hat wie die Fettschicht der Seehunde oder der Wale. Pro Quadratzentimeter wachsen dem Seeotter zehntausend Haare, ein Mensch hat auf der gleichen Fläche hundertzwanzig Haare. Und im Unterschied zum Menschen sind die Haare der Biber hohl und mit Luft gefüllt, ein dichter Wärmemantel. Dass man als Jungtier dennoch erst einmal damit zurechtkommen muss, zeigt uns bald der kleine Flussotter. Immer wieder steckt er den Kopf ins Wasser, das Hinterteil in die Luft, und versucht unterzutauchen – und schießt sofort wie ein Korken wieder nach oben, denn die Luft in den Haaren drückt ihn hoch. Seine Mutter schwimmt währenddessen auf dem Rücken und ist damit beschäftigt, einen Seeigel, den sie auf ihre Brust gelegt hat, mit einem Stein zu zerschlagen. Erst als wir näher mit dem Kanu heranfahren, zeigt sie uns, wie ihr Kleines doch tauchen kann. In dem Moment, wo die Alte uns als zu nah und eventuell bedrohlich einstuft, packt sie ihr Kind mit den Pfoten und zieht es mit sich hinunter.

Wir fahren ans Ufer. Es ist herrlich warm heute, sicher zwanzig Grad, so dass wir schwimmen gehen. Anschließend wirft Erik die Angel aus, um unser Abendessen zu organisieren. So schnell wie in den letzten Tagen hat er einen Lachs an der Angel und bald neben sich liegen.

Der ausgehungerte Biber nimmt dankbar den Weidenzweig an.

Noch eine Weile sitzen wir in Badehose und T-Shirt am Ufer, als plötzlich ein braunes Tier im Gebüsch auftaucht. Ein Zobel? Ein Vielfraß? Ein Flussotter? Aus irgendeinem Grund kommt der Kleine direkt auf uns zu, ein langes, schmales, pelziges Etwas mit schlankem Kopf, Knopfaugen, kleinen Ohren und kurzen Beinen. Und wir können gerade noch feststellen, dass es ein Mink ist, dem europäischen Nerz verwandt, als sich das Tier schon, ohne zu zögern und uns zu beachten und vor allem ohne zu fragen, auf Eriks Lachs stürzt, der nur wenige Meter entfernt im kühlen Wasser lagert. Erik schreit auf: »Der will meinen Fisch!« Da hat der Nerz schon die Zähne fest in den Kopf des Lachses geschlagen und ist dabei, seine Beute im Rückwärtsgang ins Gebüsch zu schleifen. Erik springt los und bekommt gerade noch die Schwanzflosse zu fassen, bevor der Angreifer mitsamt Lachs verschwinden kann. In dem dichten Gebüsch hätten wir ihn sicher nicht mehr erwischt.

Normal wäre, dass sich der Nerz, eindeutig der Kleinere und Schwächere, furchtbar erschrecken und geschlagen geben würde – dieses Tier hier denkt nicht daran, und so entwickelt sich an einem trägen Sonnentag unerwartet ein erbitterter und zugleich skurriler Zweikampf: Junge gegen Nerz. Vergessen ist das Überangebot an Nahrung, Erik denkt nicht daran nachzugeben. Dies ist sein Lachs und der andere soll sich einen eigenen holen. Der Junge zieht, der Nerz hält dagegen. Erik wird so wütend, dass ihm mittlerweile die Tränen über die Wangen rollen. Nur mit äußerster Kraft kann er den glitschigen Fisch festhalten, immer wieder droht er ihm aus der Hand zu rutschen. Der Nerz ist in vollem Kampfeseifer; mit ruckartigen Bewegungen reißt er an dem Lachs und gibt dabei seltsame Geräusche von sich, ein wildes Iccheln, so dass ich unwillkürlich lachen muss, was Erik noch rasender macht. Blitzschnell richte ich die Kamera ein und filme.

Der Nerz hat noch mehr zu bieten. Abrupt lässt er den Fisch los, springt an Erik hoch und versucht, ihn in die Beine zu beißen. Erik schleudert ihn mit der Hand weg, so dass sich der Kleine überschlägt und ins Wasser kugelt, aber er startet gleich wieder durch und schlägt die Zähne in den Lachs. Ich habe diese Entschlossenheit bei einem so kleinen Tier noch nie erlebt. Hier stehen zwei Menschen, viel größer und kräftiger, und der Kleine mit seiner Frechheit und seinem Selbstbewusstsein macht uns das Leben schwer. Immer wieder muss Erik nachfassen, mittlerweile schon leicht verzweifelt: »Papa, ich kann nicht mehr! Der Fisch rutscht mir aus der Hand!« Erst als ich ihm schnell eine Kerbe in sein Ende des Lachses schneide, gewinnt er Oberhand. Endlich lässt auch seine Anspannung deutlich nach, er beginnt sogar, mit mir über diese merkwürdige Situation zu lachen. Nun ist es der Nerz, der tobt, ruckt und zerrt, immer wilder, immer unkontrollierter. Die

Tiere können in einen regelrechten Blutrausch geraten, man kennt das aus den berüchtigten Erzählungen von Iltissen, die nachts in den Hühnerstall eindringen und ein Huhn nach dem anderen totbeißen. Nerz und Iltis gehören zu den Mardern.

Erik hebt den Lachs so hoch, dass der Nerz die Bodenhaftung verliert, zappelt und mit den Zähnen knirscht, aber immer noch nicht loslässt. Inzwischen ist sicher eine Viertelstunde vergangen, dann endlich hat der Nerz ein Einsehen, lässt los, dreht sich um und verschwindet im Gebüsch. Aber sogar jetzt versucht er noch einen weiteren Überraschungsangriff und kommt noch mal herausgeschossen, doch Erik hat den Fisch fest in der Hand. Der Nerz läuft zum Fluss runter und beginnt nun selbst, nach Nahrung zu tauchen. Im Gegensatz zu den Baummardern, die nur an Land aktiv sind, ist der Nerz mit seinen angedeuteten Schwimmhäuten auch im Wasser sehr gewandt, jagt Fische oder Frösche; ich habe sogar schon Nerze im Meer entdeckt. Erik, nun der unangefochtene Sieger, zeigt sich gnädig: Er schneidet ein Stück des Filets ab und wirft es dem Nerz zu. Gierig verschlingt der Kleine den Fisch. Noch mehrmals versucht er, doch noch die ganze Beute zu ergaunern. Mal versteckt er sich im Gebüsch, mal lauert er unter einer Steinplatte, eng an den Boden gedrückt, um wieder mit großer Entschlossenheit hervorzuschießen.

Zwei Tage später beweist er ein weiteres Mal, wie furchtlos er ist. Wir beobachten, wie er sich an einen Grizzly heranmacht. Der Bär ist gerade dabei, einen Fisch zu fressen, dem schon das Fleisch von den Gräten fällt, als der Nerz auftaucht, beherzt in den Lachs beißt, ein gutes Stück herausreißt und verschwindet.

Abends im Zelt sprechen Erik und ich über zahme Frettchen, ebenfalls mit dem Nerz verwandt, die früher zur Kaninchenjagd eingesetzt wurden.

»Papa, können wir uns nicht auch so ein Frettchen kaufen?«

»Es ist schon möglich, sie als Haustier zu halten ... Man müsste einen Stall bauen.«

»Den könnten wir doch in den Garten stellen, da ist Platz genug!«

Wir beschließen, zu Hause nach einem passenden Tier zu suchen, und malen uns noch eine Weile die Einzelheiten aus, bevor wir uns mit unserer bevorstehenden Survival-Tour beschäftigen. Für zwei Tage wollen Erik und ich zu Fuß losziehen, nur mit dem nötigsten Gepäck und in der Absicht, uns von dem zu ernähren, was wir finden. Wir beschließen, einen kleinen Wildniskocher mitzunehmen, ein Messer, ein Zelt und die Kameraausrüstung. Nicht mehr.

16. KAPITEL

DIE SPRUNGHAFTEN
KÄLTESPEZIALISTEN

Erik beim Survival-Essen

Früh am nächsten Morgen brechen wir auf. Wir sind noch nicht lange unterwegs, als wir hoch oben auf einem Berg eine Gruppe schneeweißer Tiere entdecken: Dallschafe, die absoluten Kältespezialisten. Ihr langes weißes Fell ähnelt dem der Eisbären. Ihre luftgefüllten Haare leiten die Sonnenenergie zum Körper, eine zusätzliche Isolierung bietet ihr dichtes weiches Unterfell; vor allem in den dunklen Wintern ist das lebenswichtig. Hier im Gebirge, oberhalb der Baumgrenze, wird es dann eisig. In Zentralalaska werden Temperaturen von bis zu minus 60 Grad erreicht, kaum ein Tier kann dann überleben, selbst Schneeziegen nicht mehr. Die Dallschafe schon. Unzählige Luftkanäle in ihrer Nase wärmen die Luft vor, bevor sie in Lungen und Bronchien strömt, und verhindern so, dass die Organe vereisen. Ich habe selbst schon Blut gespuckt, als ich mein Boot im Alaskanischen Winter durch kaltes Wasser gezogen habe und die Temperaturen vollkommen unterschätzte. Und ich erinnere mich an den Versuch eines Fernsehteams, mich bei der Arbeit zu filmen. Bei minus 35 Grad mussten wir die Aufnahmen abbrechen, weil ich einfach kein Wort mehr herausbekam. Bei minus 40 Grad hatte ich

eine erfrorene Nasenspitze und kälteweiße Wangen. Die Dallschafe stehen in dieser Zeit immer noch unbeirrt an den Gebirgshängen, und
der Wind bläst ihnen mit voller Wucht das Fell auseinander. Ihre weichen Hufe sind immer noch elastisch und das Futter immer noch ausreichend, auch wenn es sich nur um trockenes, gefrorenes Gras und
Flechten handelt.

So ausgestattet, haben die Dallschafe die letzten Eiszeiten überstanden.
Während sich viele andere Tiere Richtung Süden zurückzogen, sind sie
geblieben, haben auf Bergmassiven ausgeharrt, die nicht vereist waren.

Aber jetzt ist es Sommer, die Sonne scheint und die Tiere über uns
springen über die Felsen: kräftige Widder mit ihren gedrehten Hörnern,
die bei einem Alter von fünf bis sieben Jahren einen kompletten Kreis
beschreiben und einen Meter lang werden können; Weibchen, nur halb
so groß, mit kleineren Hörnern; Jungschafe, noch recht verzauselt,
staksig, aber schon blitzschnell auf den Beinen.

Erik und ich suchen uns einen Weg nach oben, die ersten Meter voller
Elan. Schon oft habe ich dem Jungen von der Hochgebirgspirsch erzählt,
und meine Begeisterung hat sich offenbar übertragen, so dass auch er
immer wieder betont, dass dies die schönste Form des Jagens sei. Nun
sind wir zwar nicht mit dem Gewehr unterwegs, aber es geht immerhin
ordentlich hinauf. Nach einer Weile höre ich Erik schnaufen: Was von
unten so idyllisch aussah, ist anstrengend. Wir steigen mittlerweile in
alpinem Gelände, der Weg wird immer steiler und schwieriger, hin und
wieder müssen wir kleine Schneefelder überqueren, dann wieder geht
es über Eis und kleine Wildwasserbäche. Erik findet das gar nicht mehr
lustig, wird langsamer, und als ich nicht darauf reagiere, kommen seine
Einwände:

»Ach, es ist doch eigentlich viel zu heiß zum Klettern.«

»Komm, Erik, es sind vielleicht zehn Grad plus!«

»Ja, aber das ist hier so steil. Wollen wir wirklich weiter, Papa?«

»Ich denke, du willst ein Hochgebirgsjäger sein. Jetzt hast du deine
Berge.«

»Aber ich finde es doch ein bisschen zu anstrengend.«

»Stell dir vor, da oben steht eine Gams und du pirschst dich ran.«

Erik geht weiter.

Es vergeht eine Stunde, eine zweite. Nach etwa drei Stunden tauchen
ein paar Murmeltiere auf, eine Ablenkung zur rechten Zeit; neugierig
schauen die Tiere in unsere Richtung. Wir gehen weiter und werden
kurze Zeit später von den Dallschafen entdeckt: Wir sind vielleicht noch
zweihundert Meter von ihnen entfernt, als das erste Tier erschrocken
aufspringt. Und wie das so ist bei einem Rudel, flüchten auch die anderen. Die Tiere haben gute Augen, und vor allem zu dieser Jahreszeit,

*Dallschaflämmer schließen
sich oft zu kleinen Gruppen
zusammen und spielen aus-
gelassen.*

wenn sie mit ihrem Nachwuchs unterwegs sind, rennen sie im Zweifel eher einmal schneller davon. In uns vermuten sie offenbar ein bedrohliches Raubtier. Zwar haben die Dallschafe hier oben nicht viele natürliche Feinde – Wölfe oder Bären verirren sich selten in diese felsigen Hochgebirgsebenen, allenfalls ein Steinadler schafft es ab und an, ein Lamm zu reißen –, aber Gefahr lauert immer dann, wenn sie von ihrem Berg herabsteigen und die offene Tundra durchqueren, um den Gebirgszug zu wechseln.

Wir sind enttäuscht. So kurz vor dem Ziel läuft das Ziel davon. Nach dreieinhalb Stunden mühsamen Aufstiegs stehen wir allein auf einem Berg.

Dies sind die Momente, die die Tierfilmerei oft zäh und langwierig machen. Ich bin schon nach Hawaii gefahren, um Wale zu filmen, und die Tiere haben großartige Sprünge hingelegt, nur waren die Wellen Tag für Tag so hoch und hartnäckig, dass ich entweder nur Wasser vor der Linse hatte oder einen schiefen Horizont mit einem Wal, der mir aus dem Bild sprang. Ich habe stundenlang in der Kälte vor einem angespülten Walross-Kadaver auf Eisbären gewartet, und die Bären kamen auch, aber mit ihnen ein Schneesturm, so dicht, dass ich kaum meine Kamera sehen konnte, geschweige denn die drei Eisbären, die irgendwo in meinem Umkreis waren. Als der Sturm vorbei war, waren auch die Eisbären weg. Ich habe eine tolle Szene mit einem Wolf gedreht, der sich Schritt für Schritt an zwei schlafende Grizzlys anpirschte, in der Hoffnung, etwas von ihrer Beute zu ergattern, als plötzlich mein Akku leer war. Vorsichtig versuchte ich, einen neuen einzulegen, was auch gelang, doch der Wolf bemerkte mich plötzlich und sprang zur Seite. Gleichzeitig wurden die Grizzlys wach, erschraken, machten einen großen Satz in die entgegengesetzte Richtung. Eine tolle Szene – nur war auch der zweite Akku so gut wie leer. Nach zehn Sekunden bricht der Film abrupt ab.

Erik und ich gehen dennoch weiter bis zu der Hochebene, die wir angepeilt haben. Mitten auf dem Berg umzudrehen hätte ein komisches Gefühl hinterlassen, und es ist gut möglich, dass wir dort oben noch weitere Schafe entdecken. Nach vier Stunden kommen wir auf der Ebene an, schwitzend setzen wir uns auf einen Felsen, und so skeptisch Erik zu Beginn unseres Aufstiegs war, so stolz schaut er jetzt in die Weite, genießt es, angekommen zu sein. Und tatsächlich stehen in fünfzig Metern Entfernung weitere Dallschafe.

Es klopft. Das Geräusch kommt aus der Richtung, aus der wir eben aufgestiegen sind. Es klingt wie der Schlag eines Hornes gegen einen Felsen. Vorsichtig schauen wir nach, und tatsächlich steht dort ein Widder an einer Wand, an die Erik kurz zuvor gepinkelt hat. Das Tier leckt

Die Himbeeren sind hier dreimal so groß wie in Deutschland – Erik auf Survival-Tour.

147

Der Kampf der Dallwidder wirkt wie ein streng choreografierter Tanz.

den Stein ab – wer hier oben überleben will, hat nichts zu verschenken, und in dem Urin stecken Mineralien, die das Schaf gut gebrauchen kann. Immer wenn der Widder den Kopf nach unten beugt, stoßen seine großen Hörner gegen den Stein. Nach einer Weile verschwindet er.

Ich baue die Kamera auf. In den letzten Jahren habe ich die Tiere einige Male gefilmt; Weibchen, die mit ihren Jungtieren durch die Berge ziehen, Widder, die einträchtig in Gruppen zusammenleben – bis zum Spätherbst, der Paarungszeit. Dann werden die Rudelgenossen zu Gegnern und fechten per Kopfstoß die Herrschaft über den Harem der Weibchen aus. Bis hinunter in die Täler hört man zu dieser Zeit das Aufeinanderschlagen der Hörner.

Der strenge, immer gleiche Ablauf lässt den Kampf wie einen Tanz erscheinen. Zum Auftakt stampfen die Rivalen mit dem Fuß auf, dann laufen sie auf den Hinterbeinen stehend und mit schräg geneigtem Kopf aus kurzer Entfernung aufeinander zu, die Gesichter völlig unbewegt. Es folgt ein kurzer, heftiger Stoß gegen die Hörner des anderen, und schon stehen sie wieder ruhig da, kauen vor sich hin, als ginge sie das

Ganze nichts an. Drei- bis fünfmal wiederholt sich der Vorgang, blitz-schnell und mit einer Wucht, die Hörner spalten kann. Wer einmal so lädiert aus dem Kampf kommt, wird es bis an sein Lebensende bleiben, da die Dallschafe ihre Hörner nicht abwerfen. So sind die Schnecken der alten Widder oft richtig abgeplatzt.

Wenn im Mai die Lämmer zur Welt kommen, ist es ihre erste Aufgabe, mobil zu werden. Schon nach wenigen Stunden laufen sie ihrer Mutter hinterher und bereits im Alter von einer Woche fressen sie Gras. Sie haben nur einen kurzen Sommer vor sich und müssen möglichst schnell die Fettschichten für den Winter aufbauen. Damit auch die Mütter genügend Zeit zum Fressen haben, teilen sie sich die Kinderbe-treuung häufig auf. Im Wechsel hütet jeweils ein Weibchen die Gruppe der Jungtiere. Die Kleinen zu beobachten wird nie langweilig. Eben noch stehen sie auf der Bergwiese und schon flitzen sie los, zu fünft über die Ebene, sie springen senkrecht in die Luft, rasen im Zickzack die Bergwand hoch und mit gebogenen Körpern durch die Kurve.

Mit fünf Monaten bekommen die Kleinen Hörner, mit zwei Jahren ist ihre Jugend vorbei. Die Weibchen bleiben beim Rudel, die jungen Widder werden vertrieben und schließen sich der Gruppe der Männchen an.

Die Tiere, die Erik und ich vor uns sehen, sind an diesem Tag nicht besonders bewegungsfreudig, so dass ich nur wenige Aufnahmen mache. Stattdessen genießen wir die Aussicht. Erik betont noch einmal, wie mühsam es war, hier hochzukraxeln, er scheint das wirklich unterschätzt zu haben.

»Ich kann mir ja überhaupt nicht vorstellen, dass manche Leute auf richtig hohe Berge steigen. Achttausender oder so.«

»Meine Welt wäre das auch nicht.«

»Aber, Papa, du warst doch schon auf dem Mount McKinley! Der ist doch auch ganz schön hoch.«

»Vor allem ist er ganz schön kalt!«

Nahaufnahmen: ein Beeren fressender Bär und ein Dall-widder.

17. KAPITEL

MOUNT McKINLEY: WO MENSCHEN NICHTS ZU SUCHEN HABEN

Auch im Sommer schneit es in den Bergen regelmäßig.

Wir bleiben noch eine Weile in der Sonne sitzen, und ich erzähle Erik von meiner größten Bergtour, einem Erlebnis, das mir vor allem klar gemacht hat, dass es Orte gibt, an denen der Mensch nichts zu suchen hat.

Sofort habe ich wieder dieses Bild vor Augen: Über dem Gipfel kreist ein Rettungshubschrauber, aus dem an einer Seilwinde ein Mann heruntergelassen wird. Er versucht zu retten, was noch zu retten ist. Nach zwölf Minuten hat er die fünf Mitglieder der Expedition geborgen. Wie ich später erfahre, sind zwei der Männer bereits tot, die anderen haben schwere Erfrierungen. Ich selbst befinde mich zu diesem Zeitpunkt auf 5000 Metern Höhe und beobachte die Szene durch die Sucherlupe der Filmkamera. Mein Ziel ist das gleiche wie das der Männer, die eben abtransportiert wurden: den 6194 Meter hohen Gipfel zu erreichen.

Die Indianer nennen den Mount McKinley respektvoll *Denali*: den »großen Weißen« oder auch den »Berg, auf dem die Götter leben«; nur dreihundert Kilometer vom Polarkreis entfernt, gilt er als der kälteste Berg der Erde. Für die weißen Alaskaner ist er der »Wettermacher«, da sich die Wolken hier entladen und Sturm, Schnee, Eis und Regen mitbringen. So wächst und wächst der Berg, dessen Grund verwitterter Granit ist, der aber ansonsten nur aus Gletschern besteht. Ohnehin ist er der höchste Berg Alaskas; er überragt seine Nachbarn in der tausend Kilometer langen Gebirgskette Alaska-Range um einiges.

Ich habe ihn schon oft auf meinen Reisen gesehen, bereits beim Landeanflug ragt seine Spitze meist aus den Wolken heraus. Und nun rief mich ein Freund aus der Schweiz an, erzählte von einer Expedition auf diesen Berg und schlug vor, ich solle mitfahren und einen Film drehen.

Ich bin kein Bergsteiger, aber das war für meinen Freund kein Argument. Er würde mir in zwei Wochen die Technik beibringen. So baumelte ich kurz darauf an einem Seil in einer Wand bei Grindelwald in der Schweiz, und mit Beginn des Alaskanischen Sommers bestieg ich zusammen mit einem weiteren Deutschen und fünf Schweizern den Mount McKinley.

Von der Indianersiedlung Talkeetna starteten wir mit zwei einmotorigen Cessnas völlig überladen in Richtung Kalinthna-Gletscher am Fuß des Berges und schlugen auf Anweisung unseres Expeditionsleiters das Basiscamp auf. Es ist wichtig für solche Unternehmungen, dass jemand die Leitung übernimmt. Immer wieder scheitern Expeditionen daran, dass sie zu demokratisch gehandhabt werden und sich in Extremsituationen selbst blockieren.

Am nächsten Morgen zogen wir los, an den Füßen Tourenski und dicke Klebefelle an den Laufsohlen, um besser steigen zu können. Jeder

Auf fünftausend Meter im Schneesturm

Kräftige Winde treiben den
Schnee über die Grate.

In einer anderen Welt

von uns trug vierzig Kilo Gepäck auf dem Rücken und zog einen voll bepackten Kunststoffschlitten hinter sich her. Laut Plan sollten wir den Schlitten nach dem sechsten Tag, wenn der Aufstieg steiler würde, deponieren, und dann auch das restliche Gepäck auf dem Rücken tragen.

Kaum Wind, kein Niederschlag – wir kamen schnell voran. Schon bald waren wir auf viertausend Metern Höhe. Nachts hatten wir im Zelt minus 30 Grad, aber die Kälte machte mir nichts aus, sie war mir von früheren Reisen vertraut. Auch die anderen kamen gut klar, keine Anzeichen von Höhenkrankheit. Schritt für Schritt näherten wir uns unserem Ziel. An Steilhängen transportierten wir das Material nach oben und stiegen anschließend zum Schlafen wieder drei- bis vierhundert Meter hinab, um dem Körper die nötige Zeit zu geben, vermehrt rote Blutkörperchen zu bilden und Sauerstoff zu binden. Obwohl mir die Kletterei alles abverlangte und ich jeden Abend todmüde war, schlief ich schlecht, meistens nur drei bis vier Stunden.

Weiter nach oben, weiter im Sonnenschein, bis plötzlich Wolken auftauchten. Der Wind drehte, der Druck fiel ab. Aus dem Tal stieg eine graublaue Schlechtwetterfront den Berg hinauf und war dabei um einiges schneller als wir. Minutenschnell. Zuerst erreichte uns der Schall: ein Donnern, ein Grollen, ein Pfeifen. Eine kurze Schonfrist, um über die ohnehin schon dicke Spezialkleidung Sturmjacke und -hose zu ziehen und die Sturmbrille aufzusetzen, dann war der Blizzard da: minus 40 Grad kalt, mit so viel Schnee, dass wir keine fünf Meter weit sehen konnten, und mit einer Geschwindigkeit, die uns in die Knie zwang. Auf allen vieren krabbelten wir aneinander geseilt weiter, auf der Suche nach einer geschützten Nische, eine mühsame Stunde lang. Ohne Erfolg. Schließlich gruben wir uns auf freier Fläche in den Schnee ein. Mit Messern schnitten wir große Blöcke aus dem verdichteten Schnee und bauten daraus eine Schutzmauer. In der Vertiefung dahinter errichteten wir hochkonzentriert unser Notlager. Wenn der Sturm in einer solchen Situation ein Zelt wegweht, könnte das den Tod bedeuten.

Zwei Tage lang blies und wütete der Sturm mit voller Kraft. Endlich, am dritten Tag, wehte nur noch ein mäßiger Wind, die Kälte aber blieb. Es war jener Morgen, an dem ich über dem Gipfel die Rettungsaktion beobachtete. Obwohl ich in diesem Moment noch nicht wusste, was genau passiert war, beschlich mich ein mulmiges Gefühl. Vielleicht hatte ich mir doch zu viel zugemutet. Wir kamen nur langsam voran. Jeder von uns hatte schon eine Menge Kräfte gelassen und wollte nun so viel Energie wie möglich für den Gipfelsturm aufsparen.

5300 Meter. Das letzte Camp vor dem Gipfel. Die Suppe für unsere Mahlzeit kochte bereits bei 73 Grad. Wir hatten alle reichlich Gewicht

Der Blizzard macht uns schwer zu schaffen.

Eiseskälte, taghelle Nacht und Sonnenschein von unten ...

verloren; so viel Kohlehydrate, wie der Körper hier verbrennt, kann man ihm gar nicht zuführen. Obwohl wir so viel Flüssigkeit und Salz zu uns nahmen wie möglich, trocknete der Körper aus und das Blut wurde dick. Selbst die fünf Aspirin, die ich über den Tag verteilt gegen die Kopfschmerzen nahm, hatten kaum noch eine Wirkung. Auf dieser Höhe wollten wir auf unsere Chance warten. Sobald das Wetter passte, würden wir die letzten 900 Meter angehen, in sieben Stunden nach oben steigen und sofort wieder umkehren, um nicht zu erfrieren.

Der entscheidende Tag kam, aber zunächst steigerte sich die Gruppe in eine Diskussion hinein. Es wurde hitzig. Man stritt darüber, ob ich mit meiner Unerfahrenheit nicht die ganze Tour zum Scheitern bringen würde, erwog, mich hier zu lassen, bis Werner, der Expeditionsleiter, die Entscheidung traf: Wir sollten in drei Seilschaften gehen. Er und ich würden die dritte bilden; wenn ich aufgab, wäre das sein Pech.

Um 15 Uhr machten wir uns auf den Weg, Werner voran, ich hinterher; um 22 Uhr wollten wir oben sein. So nah am Polarkreis ist es zu dieser Jahreszeit die ganze Nacht über hell. Werner gab die Anweisungen: kleine Schritte machen, im steten Rhythmus weitergehen. Minus 38 Grad, noch fühlte ich mich kräftig. Wir kletterten, setzten Eisschrauben, arbeiteten mit dem Pickel. 5800 Meter, meine Gedanken wurden träge, mein Körper auch. Die anderen kamen uns entgegen, strahlend. Alle fünf waren oben gewesen, wir gratulierten ihnen. Ich war froh über die Pause, aber Werner trieb mich voran. Mein Motor lief im roten Bereich, keine Ahnung, wie lange er noch durchhalten würde. Eigentlich hatte ich nur noch einen Wunsch: mich hinlegen und ausruhen.

Es ging Schritt für Schritt bis zu einem kleinen Plateau, auf dem ich einfach umfiel. Als ich wieder zu mir kam, hatte mir Werner die Gesichtsmaske abgenommen und flößte mir Tee ein, den ich, kaum dass er den Magen erreichte, wieder ausspuckte. Noch bevor die Flüssigkeit den Boden erreichte, gefror sie zu Eis, aber ich war wieder klar im Kopf.

Eine halbe Stunde später standen wir auf dem Gipfel des Mount McKinley. Ohne Werner hätte ich das nie geschafft. Es war zwei Uhr morgens, vier Stunden später als geplant und dementsprechend kälter. Minus 57 Grad. Aber das Gefühl, hier oben zu stehen, war einzigartig. Weit hinter dem Polarkreis stand die Sonne direkt im Norden am Horizont, strahlte den Berg von unten an, so dass er einen riesigen Schatten in den Himmel warf. Alles war in Lila und Orange getaucht. Ich baute die Kamera auf und begann zu filmen. Für einen Moment musste ich die Handschuhe ausziehen, um die Filmrolle zu wechseln. Sofort wurden die Finger weiß – kein Schmerz. Erschrocken schlüpfte ich wieder in die Handschuhe. An das wunderbare Gefühl, fast losgelöst weit über der Erde zu schweben, werde ich mich sicher immer erinnern, aber dennoch würde ich so eine Tour nie wieder mitmachen. Unter keinen Umständen würde ich mich ein zweites Mal so quälen!

Auch Erik und ich gehen den Berg wieder hinunter, bauen an einer wind- und regengeschützten Stelle das Zelt auf. Am nächsten Tag untersuchen wir die Gegend nach Essbarem. Wenn man es darauf anlegt, findet man eine Menge; in den letzten Jahren habe ich mir vieles von den Bären abgeguckt. Wir sammeln Beeren, ernten einen Wildlauch, dessen Wurzel wir auf unserem kleinen Kocher zu einer Suppe verkochen. Wir finden eine Lilienart, Chocolate Lily genannt, deren Wurzeln aussehen wie Topinambur, nach Eriks Meinung nach Furz stinken, dafür aber sehr stärkehaltig und ebenfalls essbar sind. Und wir ernten eine spezielle Zwergweidenart, deren Wurzeln sich die Bären mit Vorliebe durch das Maul ziehen, um die äußere Rinde abzufressen, die Acetylsalicylsäure enthält – den Wirkstoff, der in Aspirin enthalten ist. Zwei Tage ernähren wir uns von solchen Pflanzen, nicht gerade ein Geschmackserlebnis, aber es überwiegt das gute Gefühl, sich im Notfall in der Wildnis durchschlagen zu können.

Geschafft: Auf dem Gipfel
des Mount McKinley

18. KAPITEL

GEFANGEN AUF EINEM RIFF

*Bärenbesuch an der trocken
gefallenen* Tardis

Man könnte meinen, dass sich die Jahre in Alaska wiederholen. Sie tun es nicht. Kein Jahr ohne Überraschung, neue Geschichten, neue Entscheidungen, neue Probleme.

Erik und ich verlassen den Wasserfall, um noch einen weiteren Lachsfluss anzufahren. Nicht weit im Landesinneren mündet er in einen Kratersee, an dem sich in der Regel viele Bären versammeln. Nach einem Tag auf See machen wir Zwischenstopp in einer Lagune und lassen das Boot trocken fallen. Wir gehen noch kurz an Land, als wir ein Knattern hören. Ein Hubschrauber fliegt die Küste entlang, dreht ein paar Runden über uns in der Luft – wir lesen die Aufschrift *US Coastguard* – und landet dann direkt neben *Tardis*. Zwei Männer steigen aus. Sie hätten aus der Luft gesehen, dass wir trocken lägen, und wollten fragen, ob wir Hilfe bräuchten. Ich erkläre ihnen, dass sie beruhigt sein können, wir machen fürs deutsche Fernsehen einen Film über die Bären. Die Männer ihrerseits sind damit beauftragt, die Seekarten zu überarbeiten. Mit aufwändigen Plattenkameras fotografieren sie Stück für Stück den gesamten Küstenabschnitt. Wir sind schon fast am Ende des Gesprächs, als einer von ihnen erwähnt, dass sie vor etwa drei Wochen einen gestrandeten Wal gesehen hätten. Bestimmt fünfunddreißig Bären hätten bei ihm gesessen und gefressen. Ich bin elektrisiert: Zu den Traumszenen, die ich mir immer wieder erhofft habe, gehört diese. Ich frage, wie groß der Wal gewesen sei. »Riesig!« Aus der Luft habe man nicht genau erkennen können, was für ein Wal es war. Vermutlich ein Buckel- oder ein Minkwal.

»Und wo genau ist die Stelle?«

»Ungefähr achtzig Seemeilen nördlich von hier.«

Achtzig Seemeilen sind eine Menge. Für uns wären das zwei Tage Fahrt, wenn wir gut vorankämen, und ich weiß nicht einmal, ob wir dort einen Ankerplatz finden würden.

Meine Nacht gehört dem Wal. Immer wieder wäge ich ab, was wir tun sollen. Für die nächsten Tage ist unruhiges Wetter vorhergesagt. Auf der Karte schaue ich mir die Bucht noch einmal an, sie liegt tatsächlich so, dass wir bei dem momentan vorherrschenden Nordwestwind Schwierigkeiten hätten, einen sicheren Ankerplatz zu finden.

Am nächsten Morgen bespreche ich die Sache mit Erik, für den die Sache viel klarer ist: hinfahren! Genau das, was ich hören wollte. Also gut. Bei Hochwasser laufen wir aus. Anfangs ist die See noch ruhiger als am Vortag, aber schon bald merken wir, dass die Wellen ordentlich zulegen. Wind und Meeresströmung konkurrieren miteinander – aus gegensätzlichen Richtungen kommend, drückt der Wind das Wasser hoch und sorgt für kurze, unruhige Wellen. Für uns gibt es zwei Mög-

Durch den gewaltigen Gezeitenunterschied liegen bei Ebbe große Teile der Fjorde trocken.

lichkeiten: kreuzen, also lange Wege machen, oder direkt gegen die See anbolzen. Wir nehmen den kurzen Weg: Ich setze kleine Beseglung, lasse den Motor voll mitlaufen und halte frontal auf die Wellen zu. In unserem kleinen Boot werden wir heftig durchgeschüttelt, kommen aber dennoch erstaunlich gut voran. Immer wieder können wir den Windschatten kleinerer Inseln nutzen. Einmal fahren wir durch eine sehr flache, große Bucht, in der jede Menge Seeotter nach Krabben suchen.

Gegen Abend erreichen wir eine Lagune, in der wir die Nacht verbringen wollen. Früher befand sich hier ein Gletscher, der auf den Seekarten von 1950 noch bis zum Meer hinunter reichte. Wie alle Gletscher hatte er seinen Ursprung in den Bergen. Große Schneemassen verdichten sich dort zu Eis und beginnen unter ihrem eigenen Gewicht langsam zu fließen und nicht mehr damit aufzuhören, manchmal für Hunderte von Kilometern. Eine unaufhaltsame Kraft, die Landschaften auseinander schiebt, Unmengen von Geröll aufwirft und riesige Täler schafft.

Gletscherzungen kommen und gehen, und keiner weiß genau, warum das so ist; in den letzten Jahrzehnten aber schmelzen sie in erschreckendem Tempo und ziehen sich in die alpinen Regionen der Gebirge zurück. Wollten Erik und ich den Gletscher sehen, der einmal die Lagune hier geformt hat, müssten wir zweieinhalb Kilometer ins Landesinnere laufen, so weit hat er sich schon zurückgezogen. An seiner Stelle fließt nun ein Fluss zum Meer.

Das breite geschützte Delta bietet einen idealen Platz für die Nacht. Es gibt allerdings auch ein Problem, das ich aus dem Vorjahr kenne: In der Mündung des Flusses liegen sehr große Felsbrocken. Wir würden also bei der Einfahrt vorsichtig sein müssen, zumal wir viel später hier sind, als ich dachte. Die schwere See hat uns einige Stunden gekostet, was äußerst ungünstig ist: Alle zwölf Stunden und zehn Minuten kommt eine neue Flut. Etwa eine Stunde bleibt das Wasser auf dem höchsten Stand, dann beginnt es wieder zu sinken. Sechs Stunden und fünf Minuten nach der Flut herrscht Ebbe. Wir kommen ungefähr drei Stunden nach Höchststand an, das heißt, wir haben bereits seit zwei Stunden wieder ablaufendes Wasser.

Immerhin: Das Wasser ist klar, so dass wir die Hindernisse gut sehen können. Ich schwenke den Kiel über eine große Winde ein und hebe den Motor etwas an, nun ist das Ruderblatt der tiefste Punkt. Statt mit 1,75 Meter Wassertiefe kommen wir nun mit 60 Zentimetern aus. Auf dem Vorschiff steht Erik. Er hat mir den Rücken zugedreht und sucht das Meer nach Riffen ab. Sobald er eines sieht, zeigt er es an. So arbeiten wir uns langsam voran, schlängeln uns wie bei einem Hinderniskurs weiter in die Bucht hinein. Das Echolot zeigt mir die Wassertiefe an; ständig springt es zwischen 21 und 4 Fuß. Moderne Geräte würden mir die Beschaffenheit der Unterwasserwelt schon zwanzig, dreißig Meter im Voraus auf dem Display anzeigen, meines ist etwas älter. Erik zeigt nach Steuerbord – ein Felsblock. Ich weiche nach Backbord aus. Erik zeigt nach Backbord, ich versuche zu korrigieren und in der Mitte zwischen den beiden Felsen durchzufahren. Es kracht und knirscht, ein hartes, lautes Schrappen, unangenehm, bedrohlich; das Geräusch eines Segelbootes, das soeben mit dem Kiel auf eine Riffplatte aufgelaufen ist. Ich lasse die Segel fallen, gehe volle Kraft zurück. Noch einmal kommen wir kurz frei, dann ruckt es, die Bootsschraube peitscht das Wasser, dass es schäumt und sprudelt, aber *Tardis* bewegt sich keinen Meter mehr. Ich fluche, bin äußerst angespannt und in Sorge um das Boot. Das Wasser sinkt – in diesem Stadium der Ebbe kann man dabei zusehen – und das Boot neigt sich bedrohlich zur Seite. Sollten wir auf einem großen Felsblock liegen, werden wir zur Seite kippen und ins Wasser stürzen.

Erik schaut mich immer wieder prüfend an, und ich gebe mir alle Mühe, souverän zu wirken. Mit den Bootshaken versuchen wir, uns von der Riffplatte wegzudrücken, doch nichts bewegt sich. Ich springe ins Wasser, suche Halt auf dem Grund und versuche, *Tardis* mit aller Wucht frei zu drücken, mit der Schulter das kleine bisschen hochzustemmen, das uns die Weiterfahrt ermöglichen würde. Nichts zu machen. Wir können weiter zusehen, wie das Wasser abläuft. Eine halbe Stunde später stehen wir beide in Gummistiefeln im Watt und schauen uns das Ganze von außen an. *Tardis* neigt sich leicht zur Seite, liegt aber glücklicherweise auf dem Felsen auf, allerdings umgeben von einigen spitzen Steinen, und ich befürchte, dass das Boot mit seinen zweieinhalb Tonnen Gewicht gegen einen dieser Steine drücken wird, was zu ziemlich bösen Verletzungen der Fiberglashülle führen könnte. Immerhin gelingt es uns noch, Schwimmwesten zwischen Bootshaut und Felsen zu packen, um das Gestein ein bisschen zu polstern, aber das ändert nichts an der Tatsache, dass wir festsitzen. Für einen Seemann ein äußerst unangenehmes Gefühl. Passend zur Dramatik der Situation türmen sich düstere Wolken auf, der Sturm fegt über die Lagune, und Erik fragt mit leiser, zaghafter Stimme und sorgenvoll gerunzelter Stirn, ob wir nun für immer hier bleiben müssen. Ich versuche ihn zu trösten und erkläre ihm, dass uns die nächste Flut in acht Stunden wieder nach oben treiben wird. Anhand meines Tidenkalenders kann ich sehen, dass sie fast die identische Höhe haben wird wie die vorherige. Nicht jede Tide ist gleich hoch, und im schlimmsten Fall könnte es uns passieren, dass der Wind plötzlich nachlässt, das Wasser mit deutlich weniger Druck in das Delta gepresst wird und die nächste Flut deutlich niedriger ist, vielleicht um einen halben oder drei viertel Meter. Die darauf folgende Flut

Manchmal muss ich lange warten, bis ich das gewünschte Motiv vor die Kamera bekomme.

wäre noch niedriger, denn mit der Mondphase baut sich die Tidenhöhe ja wieder ab. In diesem Fall müssten wir drei Wochen ausharren, bis die nächste Springflut einen ausreichend hohen Wasserstand bringt. Wir wären nicht die Ersten, denen das passiert.

Ich hole die Kamera raus. Es hilft uns beiden, die Situation zu filmen, wir drehen mit verschiedenen Einstellungen, bauen das Stativ im Wasser auf. Bei allem Ärger ist dies natürlich auch eine gute Geschichte und ich bin viel zu sehr Filmemacher, als dass ich diesen Aspekt außer Acht lassen würde. Auch Erik bekommt das Gefühl, dass wir die ganze Sache doch noch halbwegs unter Kontrolle haben, wenn wir schon wieder Aufnahmen machen. Wie schon so oft ist ihm meine Stimmung, mein Verhalten Orientierung, und bald wirkt er deutlich entspannter.

Anschließend ziehen wir los und erkunden die Gegend. Zwar ist es schon spät am Abend, aber wir sind beide zu aufgewühlt, um uns in die Kojen zu legen. Am Rand der Lagune stürzen von den hohen Felswänden mehrere Wasserfälle herunter. Wir ergänzen unsere Trinkwasservorräte, und mir fällt ein alter Spruch der Eskimos und Indianer ein: »Wenn du einmal aus den Bächen und Flüssen Alaskas getrunken hast, willst du immer wieder daraus trinken.« Für mich hat sich das schon lange bewahrheitet, nun scheint mein Sohn genauso infiziert.

Kurz nach Mitternacht kehren wir zum Boot zurück und legen uns in die Kojen. Erik schreibt in sein Tagebuch: *Ich kam gerade vom Frühstück, als wir mit* Tardis *losfuhren. Wir kamen in einen Sturm und die Wellen waren 3,50 Meter hoch. Nun ging die Höllenfahrt erst richtig los, mit sechs Meter hohen Wellen. Dann sind wir auf ein Riff aufgelaufen. In dem Sturm hatte ich schon ein bisschen Angst.*

Anschließend schläft er ein, ich versuche es ebenfalls, bin aber viel zu unruhig. Mehrmals falle ich in einen kurzen Schlummer und schrecke sofort wieder hoch. Zu diesem Zeitpunkt ist das Wasser bereits deutlich gestiegen. Bald wird sich zeigen, ob wir freikommen.

19. KAPITEL

DAS ENDE EINES WALS

Bären am Walkadaver

Gegen ein Uhr nachts spüre ich eine leichte Bewegung. Kurz darauf schwimmt *Tardis* wieder auf. Das leichte Hin- und Herschaukeln fühlt sich großartig an. Später stellt sich heraus, dass tatsächlich nur ein Stück der äußeren Versiegelung abgeplatzt ist und sich der Schaden in sehr engen Grenzen hält. Ich warte noch ein paar Stunden, bis die Flut ihren höchsten Stand erreicht hat. Immer wieder schlafe ich für einige Minuten ein. Kurz nach vier Uhr lasse ich den Motor an. Beim ersten Licht des Tages fahre ich aus der Lagune heraus. Während Erik unbekümmert weiterschläft, halte ich mich mit schwarzem Tee wach. Bis zu der Bucht, in der der Wal liegen soll, ist es nicht mehr weit, und da sich auch die See inzwischen beruhigt hat und nur noch ein leichter Wind weht, dauert die Fahrt nicht mehr länger als vier Stunden.

Gegen neun Uhr haben wir es geschafft – das muss die Stelle sein. Schon von weitem sehe ich vier Bären zusammenstehen, weiter hinten im Gras sind weitere Tiere. Nur einen Wal kann ich nicht entdecken. Erst als wir näher herankommen und ich das Fernglas zur Hilfe nehme, sehe ich ihn am Kiesstrand liegen – oder vielmehr das, was von ihm übrig geblieben ist: ein dunkler Klumpen, ein Haufen Knochen und Fleisch. Ich bin enttäuscht – die Männer hatten uns einen kompletten Wal beschrieben. Das hier mag irgendwann einmal einer gewesen sein, aber das muss Monate her sein.

Trotzdem will ich zum Strand rüberfahren und mir das Ganze aus der Nähe ansehen. Ich suche nach einer Ankermöglichkeit, was nicht einfach ist. Die Brandung ist wie erwartet stark, viel zu gefährlich, um sie mit dem Kanu bezwingen zu wollen. In zwei Kilometern Entfernung finde ich schließlich einen passenden Platz, setze Anker und wecke Erik. Er braucht ein paar Sekunden, bis er begreift, wo wir sind. Dann aber ist sein erster Satz: »Kann ich mit an Land fahren?« Mir ist das zu riskant: Ich kenne die Bären nicht, kann nicht überblicken, wie viele es sind. Es ist ohnenhin heikel, die Tiere beim Fressen zu stören, auch wenn diese hier vermutlich schon reichlich satt und dementsprechend entspannt sind.

Wie immer, wenn Erik und ich uns für kurze Zeit trennen, nenne ich ihm den Namen der Bucht. Sollte mir etwas passieren, könnte er per Satellitentelefon zu Hause bei Birgit anrufen oder bei der *US Coastguard*; die Bedienungsanleitung habe ich ihm genau aufgeschrieben, ebenso wie den Pincode, auch wenn ich selbst den Nutzen solcher modernen Rettungsinstrumente bezweifle. Ich habe die Erfahrung gemacht, dass, wenn etwas passiert, alles meist so schnell geht, dass man keine Chance mehr hat, auf Hilfe zu warten. Schon oft bin ich gefragt worden, was ich denn machen würde, wenn ich einen Blinddarm-

Der tote Meeresriese ernährt viele Bären über mehrere Wochen.

durchbruch hätte oder einen Knöchelbruch. Darauf kann ich nur antworten: Ich denke nicht darüber nach! Wenn ich mit einer derart pessimistischen Einstellung losziehen und mir ständig vor Augen führen würde, was passieren kann, müsste ich solche Reisen sein lassen.

Ich mache das Kanu fertig, packe Kamera und Fotoapparat in wasserdichte Säcke und schaffe es, mit der Brandung an Land zu kommen. Sofort bläst mir der Wind den Kadavergeruch entgegen, streng, stechend und mit jedem Meter intensiver. Am Strand liegt jede Menge Treibholz, das ich als Deckung nutze, um mich an die Tiere heranzupirschen. Ich nähere mich bis auf dreißig Meter und baue die Kamera auf. Links von mir liegen zwei Bären in einem Gebüsch und schlafen, weiter oben an einem Berg steht eine Bärin mit zwei Jährlingen. Je länger ich schaue, desto mehr Tiere sehe ich, es sind sicher zwanzig bis dreißig Grizzlys hier – in dem Punkt hatten die *Coastguard*-Piloten Recht. Von allen Seiten führen ausgetretene Bärenspuren zum Kadaver, der wirklich bestialisch stinkt. Der Kopf des Wals fehlt völlig, aber der Rest des Skeletts ist noch halbwegs erkennbar.

Wenn man einen Wal zerschneidet, hat man erst eine Schicht dunkelgraue bis schwarze Haut, die aussieht wie ein LKW-Reifen. Ganz unten liegen das Fleisch und eine riesige Fettschicht, der Blubber, der bis zu einem halben Meter dick werden kann und den Wal perfekt vor Kälte schützt. Von Fleisch und Haut ist hier keine Spur mehr, aber ich kann ein riesiges Stück Blubber sehen, auf dem zwei ausgewachsene Bären stehen. Sie stecken ihre Schnauzen tief in den Kadaver, verschlingen gierig große Brocken. Mit jeder Bewegung zittert der Speck unter ihnen wie Wackelpudding. Ich filme. Offenbar stehen die beiden Männchen in der Rangordnung ganz unten und mussten lange warten, bis sie endlich dran waren. Sie sind unruhig und hektisch, blicken zu den Berghängen, an denen die alten Bären ihren Verdauungsschlaf halten, und knurren sich gegenseitig an.

Plötzlich schaut einer der beiden in meine Richtung. Es scheint, als hätte ich mich zu ruckartig bewegt. Meine Tarnung fliegt auf, der Bär trabt schnaubend auf mich zu. Ich springe hoch, gebe mich zu erkennen und brülle ihm meine Befehle entgegen: »*Go, bear, go, it's close enough! Go!*« Die Wirkung auf den Grizzly ist gleich null. Als er nah genug ist, werfe ich einen Stein, der ihn direkt am Kopf trifft. Er zögert kurz und hält weiter auf mich zu. Ich höre, wie seine Kiefer klappern. Auch der zweite Bär, der bisher unten auf dem Kadaver stand, kommt nun in meine Richtung. Eine heikle Situation. Kurz schießt mir durch den Kopf, wie froh ich bin, dass Erik nicht mitgekommen ist. Stattdessen steht er mit dem Fernglas an Bord und schaut zu mir herüber, aber allzu viel wird er auf die Entfernung nicht sehen können. Langsam gehe ich

Schritt für Schritt zurück, aber bewirke damit nur, dass die Bären immer mutiger werden. Was jetzt? Gegenangriff. Ich renne mit großen, festen Schritten direkt auf die Grizzlys zu, zwei, drei Meter, und brülle so laut ich kann, und endlich bleiben sie stehen. Ich spüre ihre Verunsicherung: Hoppla, was ist das denn? In diesem Moment weiß ich, dass ich jetzt Oberwasser habe. Ich brülle noch einmal, werfe einen weiteren Stein, und irgendwann ziehen sie sich missmutig zurück zu dem Kadaver. Ich habe nun auch die Nase voll von dieser Bucht, frage mich ohnehin, ob die ganze Aktion wirklich nötig gewesen ist. Ich packe ein und gehe langsam zum Kanu.

Nun muss ich es nur noch zum Boot zurück schaffen. An Land kommt man immer, irgendwo spülen dich die Wellen schon an. Aber hinaus? Bei der starken Brandung wird das nicht einfach werden. Ich setze mich an den Strand und schaue aufs Meer hinaus. Beobachte seine Bewegungen. Für jeweils zwei, drei Minuten sind die Wellen extrem hoch, dann folgt eine Phase, in der sie deutlich niedriger werden, und wieder baut sich die Brandung auf. Ein regelmäßiger Rhythmus, den man überall am Meer beobachten kann. Ich sehe lange zu, um mir den Takt einzuprägen und die ruhigste Stelle, den richtigen Moment zu finden, um rauszugehen.

Es klappt. Kurz darauf bin ich wieder bei Erik auf *Tardis*.

Wenn kein Wal- oder Lachsfleisch vorhanden ist, nehmen Bären auch mit vegetarischer Kost vorlieb.

20. KAPITEL

TIM UND AMY UND UNSER BILD VOM BÄR

Haben wir deshalb ein besonderes Verhältnis zu Bären, weil sie oft so »menschlich« wirken?

Der Ausflug hat uns etwas vom Kurs abgebracht, was nicht dramatisch ist, aber jetzt wollen wir doch so schnell wie möglich zu unserem Kratersee. Langsam rückt das Ende unserer Reise näher. Beim letzten Telefonat hat Erik mit seinem kleinen Bruder Thore gesprochen, der ihm aufgeregt erzählte, dass der Kirschbaum im Garten voller Früchte sei, so dass die Oma jede Menge Marmelade kochen müsse. Und Erik hat ein bisschen bedauert, dass er nicht dabei war. »Aber eigentlich macht das nichts, Papa, im nächsten Jahr gibt's ja auch wieder Kirschen.« Einer der wenigen Momente, in denen eine kleine Sehnsucht durchschimmert. Später wird Erik erzählen, dass er außer seiner Familie, seinen Freunden und unserem Hund Cita vor allem den Fernseher vermisst habe. »Dann hätten wir bei Regen an Bord Kinderkanal gucken können oder Eurosport.« Ich muss dann immer grinsen, offenbar wäre das für Erik problemlos vereinbar.

Wie sind bereits einen halben Tag auf See, als wir in einer Bucht einen Mann und eine Frau entdecken – und noch einen spontanen Stopp einschieben. Der Mann ist ein langjähriger Kollege von mir, Timothy

Treadwell, die Frau muss seine Freundin Amy sein. Eigentlich habe ich schon längst damit gerechnet, ihnen zu begegnen, denn auch Timothy filmt seit vielen Jahren die Braunbären auf den Aleuten, zum Teil an den gleichen Plätzen wie ich, und es vergeht kaum ein Jahr, in dem wir uns nicht irgendwo treffen.

Ich habe Tim vor vielen Jahren auf merkwürdige Weise kennen gelernt. Unterwegs an einem Strand der Aleutenküste entdeckte ich plötzlich die Fußabdrücke eines Menschen, zweihundert Kilometer von der nächsten Siedlung entfernt. Ich folgte der Spur und stieß nach einiger Zeit auf einen barfüßigen Mann mit einer Kamera. Als er mich sah, schnaubte er wie ein Bär und verschwand im Gebüsch, offenbar alles andere als begeistert von der Gegenwart eines weiteren Menschen. Ich sprach ihn dennoch an, und als Timothy hörte, dass auch ich Tierfilmer war, gab er seine feindselige Haltung auf, wir setzten uns hin und tauschten uns aus.

Während unserer Gespräche wurde schnell klar, dass unsere Haltung den Bären gegenüber völlig unterschiedlich war. Timothy, ein charismatischer Kalifornier, blond, braun gebrannt und immer mit einem strahlenden Lächeln im Gesicht, erklärte alle Grizzlys zu seinen Freunden und sprach mit ihnen in einem fast kindlichen Singsang. Er glaubte felsenfest an die Möglichkeit eines friedlichen Zusammenlebens zwischen Mensch und Bär. Ich war anderer Meinung: Für mich bleibt der Bär ein wildes Tier, das den Menschen bei angemessenem Verhalten zwar res-

Unser Bild vom Grizzly: Raubtier ...

... und Kuschelbär

pektiert, aber niemals als seinen Freund annehmen würde. Wer einmal fünf, sechs Bären beim Fischen beobachtet, wird schnell feststellen, dass die Ansammlung nichts mit einer sozialen Gruppierung zu tun hat. Es geht einzig um das Futter, um Dominanz und Rangordnung. Permanent kommt es zu kleineren und größeren Konflikten. Warum also sollte sich ein Tier, das nicht einmal in Gemeinschaft mit seinen eigenen Artgenossen lebt, mit den Menschen verbünden?

Tim und ich diskutierten viel darüber, ohne dass einer von seinem Standpunkt abwich. Der Amerikaner ging immer einen Schritt weiter als ich. Wo ich darauf achtete, die Bären nicht zu vermenschlichen, gab er ihnen Namen, sang ihnen Lieder vor und ahmte ihre Laute nach. Er begegnete den Tieren durch und durch emotional. In den USA war Timothy Treadwell mit seinen Filmen und vielen öffentlichen Auftritten fast ein Star. Mit seiner Organisation *Grizzly People* warb er für den Erhalt der Bären und erklärte sich zu ihrem Beschützer – obwohl er ohnehin die meiste Zeit in einem Bärenschutzgebiet unterwegs war. So wurde er auch in seinem eigenen Land massiv kritisiert. Man warf ihm vor, die Grizzlys zu verharmlosen und den Leuten das trügerische Bild eines Kuscheltiers zu vermitteln.

Auch diesmal begegnet uns Tim in seiner typischen, leicht überschwänglichen, aber herzlichen Art. Ich stelle ihm Erik vor, und sofort fängt er an, mit ihm herumzualbern. Der Junge lacht, ganz offensichtlich freut er sich über die unerwartete Begegnung mit diesem verrückten Typen, der so merkwürdige Dinge macht und ausgelassen mit Turnschuhen durchs Wasser läuft. Dagegen wirkt Amy, der ich zum ersten Mal begegne, viel ruhiger. Eine hübsche, nette Kalifornierin, Outdoor-Frau, die aber offenbar nur wenig Wildnis-Erfahrung hat. Während Timothy seit mittlerweile zwölf Jahren in Alaska dreht, ist dies erst ihre dritte Tour an seiner Seite.

Wir sitzen eine Weile zusammen, unterhalten uns über aktuelle Projekte, tauschen uns über die letzten Erlebnisse aus. Dann verabschieden wir uns, Erik und ich paddeln zum Boot zurück. Der Junge winkt noch einmal zum Ufer zurück. Wir wissen noch nicht, dass wir Timothy und Amy nie wiedersehen werden.

21. KAPITEL

»MEIN FISCH!«: DIE ATTACKE EINES GRIZZLYS

Erik wird beim Angeln von einem Grizzly belauert.

Spät am nächsten Abend erreichen wir endlich die angestrebte Bucht. Als wir am darauf folgenden Tag losziehen wollen, beginnt es stark zu regnen, so dass Erik lieber an Bord bleibt. Es ist Ebbe, *Tardis* liegt trocken und ich gehe mit der Kamera an Land. Ein bisschen lustlos streife ich durch die Gegend. Außer mir scheinen sich alle verkrochen zu haben, kein Bär weit und breit, so dass ich nach ein paar Stunden, inzwischen schon ziemlich durchnässt, umkehre. Ich freue mich auf ein Frühstück und einen warmen Tee.

Erst als ich am Strand ankomme, wird mir schlagartig klar, dass ich eine Sache völlig übersehen habe: Die Flut ist zurückgekommen. Eigentlich hatte ich geplant, viel länger wegzubleiben und erst bei Ebbe wieder hier zu sein. *Tardis* schwimmt auf, ist etwa hundertfünfzig Meter von mir entfernt, und ich habe keine Ahnung, wie ich zum Boot kommen soll. Ich rufe nach Erik, er könnte mich mit dem Kanu abholen, aber der Junge scheint zu schlafen. »Erik! Eeeerik!!!« Keine Regung.

Ich will mir keine Blöße geben und habe keine Lust, hier ewig wie ein begossener Pudel zu warten. Also ziehe ich, ohnehin schon nass,

182

meine Sachen aus, lege sie auf ein Häuflein, die Kamera daneben, abgedeckt mit meiner Regenjacke, und schwimme los. Schnaufend und fröstelnd kämpfe ich mich vorwärts. Schon auf halber Strecke merke ich, dass ich vor lauter Kälte in meinen Bewegungen immer steifer werde. Meine Schwimmbewegungen werden langsamer, mit Mühe und Not komme ich endlich am Boot an, halte mich an der oberen Kante der Bordwand fest, aber habe keine Kraft mehr, mich hochzuziehen. Ich versuche es auf anderem Weg. Oben liegt das Kanu, und es gelingt mir, die Leine zu fassen, es ins Wasser zu ziehen und über das Kanu ins Boot zu klettern.

Nun kommt auch Erik raus, der mich verwundert ansieht. Mir ist erbärmlich kalt, aber ich versuche, der ganzen Aktion noch einen Sinn zu geben, indem ich mich endlich mal wieder ausgiebig wasche. Es ist ein paar Tage her, seit ich das letzte Mal Gelegenheit dazu hatte. Von oben bis unten seife ich mich ein, wasche mir tapfer die Haare, als ich zufällig zum Strand rüberschaue und dort, auf einem Bärentrail, einen Grizzly sehe. Er inspiziert die Gegend, schnüffelt mal hier, mal dort, und marschiert nun zielstrebig auf meine zurückgelassenen Sachen zu. Die Kamera! Ich schreie, so laut ich kann, wedle mit den Armen, hüpfe auf dem Boot herum, aber der Bär hebt nicht einmal den Kopf. Stattdessen stupst er mit seiner Schnauze gegen dieses interessante Ding, das er da am Strand gefunden hat.

Ich werde panisch: Die Neugier des Bären ist schon geweckt, ich sehe aus der Entfernung, wie er meine Sachen gemächlich auseinander zupft.

Diese Bären reagieren ganz gleichgültig auf die Kamera ...

Ohne groß zu überlegen, springe ich wieder ins Kanu und paddle mit schnellen Schlägen rüber, immer noch nackt, mittlerweile blau gefroren und auf dem Kopf eine große Shampoo-Schaumkrone. Erik lacht und lacht, ich schreie immer wieder zu dem Bären rüber und schaffe es zumindest, ihn durch mein merkwürdiges Erscheinungsbild für eine Weile abzulenken. So erreiche ich endlich das Ufer. Ich springe heraus und fuchtele mit dem Paddel vor dem Grizzly herum, bis er stiften geht. Es regnet immer noch in Strömen und meine Klamotten sind völlig durchnässt, so dass ich genauso nackt, wie ich gekommen bin, wieder zurückfahre, aber glücklicherweise mit funktionierender Kamera. An Bord wickle ich mich in dicke Decken ein, trinke heißen Tee, aber es dauert noch Stunden, bis ich wieder halbwegs auftaue.

Am nächsten Tag ziehen wir den Fluss hoch zum Kratersee. Wir sehen mehrere Bären, die fleißig ihre Buckel- und Rotlachse fangen; die meisten davon junge Männchen, noch Teenager und gerade erst von der Mutter verscheucht. Zum Einstieg in die Selbständigkeit ist der flache, fischreiche Fluss ideal. Kurz vor unserem Ziel führt uns ein alter Grizzly seine extravaganten Essgewohnheiten vor. Er holt einen Lachs aus dem Wasser, beißt ihm den Schwanz ab und wirft den Rest des Fisches wieder ins Wasser.

»Hast du das gesehen, Papa?«

»Das machen die Bären gern, vor allem am Ende des Jahres, wenn sie schon kugelrund sind: Sie fressen nur noch den besonders fetthaltigen Schwanzteil.«

»Aber der Fisch hat doch noch gelebt!«

»Das ist den Bären egal, die sind da ziemlich skrupellos.«

»Aber das kann der doch nicht machen!«

Trotz großer Akzeptanz für alles, was ihm hier vorgelebt wird, für jeden Grizzly, der Vogeleier frisst, für jeden Adler, der Heringe frisst – das geht Erik ein bisschen weit. Mag sein, dass die Altlachse ohnehin bald sterben werden, aber ihnen bei lebendigem Leib den Schwanz abbeißen? Und sie anschließend sich selbst überlassen? Man könnte darauf antworten, dass die Natur grausam ist. Ich würde sagen, sie ist nicht grausam, sondern nüchtern. Aber ich kann verstehen, dass ein Kind mit seinem Mitgefühl hier an Grenzen stößt.

Die Sonne scheint, die Luft ist milde, als wir den See erreichen, und die Natur ist üppig: Der ganze große See ist von grünen Bergen eingerahmt, Erlen- und Weidenbüsche ziehen sich bis zum Ufer hinunter. Wir fahren mit dem Kanu auf die andere Seite hinüber, um dort, geschützt vor den Bären, unser Camp aufzubauen. Das Wasser ist auffallend klar, und ich beschließe, das gute Licht zu nutzen und unter Wasser zu filmen. Wir

paddeln zurück auf die andere Seeseite und ich mache mich fertig für
den Tauchgang. So gut wie möglich versuche ich mich gegen die Kälte zu
schützen, ziehe den Polarflies an, darüber den Trockenanzug. Ich steige
ins Wasser und beginne kurz vor dem Abtauchen zu hyperventilieren,
um möglichst viel Sauerstoff ins Blut zu pumpen. Ich habe keine Press-
luft dabei und schaffe es mit diesem alten Perlentauchertrick, eine Minute
unter Wasser zu bleiben. Ganz ungefährlich ist die Methode allerdings
nicht: Es sind schon Taucher dabei ohnmächtig geworden, ins Wasser
gekippt und ertrunken.

Erik sitzt ganz in der Nähe, wo der Fluss in den See mündet, auf
einem Felsen. Plätschernd fließt das Wasser über große Steine, bringt
Mückenlarven für die Brut des Vorjahres und jede Menge Altlachse
mit. Erik wirft die Angel aus, ich tauche unter.

Es ist etwas ganz anderes, in einem nordischen Gewässer zu tauchen
als im warmen Meer; ungetrübt vom Salz, ist die Sicht oft extrem klar,
an diesem Tag mögen es an die dreißig Meter weit sein, die ich sehen
kann. Ich schwimme direkt an den Flusseinlauf heran, den ich sowohl
hören als auch sehen kann. Das ankommende Wasser macht sich mit
einem Rauschen bemerkbar, und da es um einige Grad wärmer als der
See ist, bildet es an der Mündung feine Schlieren. Im leuchtend grünen
Wasser sehe ich die Junglachse, die sich an der Flussmündung stapeln
und sich gegenseitig die Mückenlarven wegschnappen, und ich entdecke
einen großen Schwarm Rotlachse, vielleicht zweitausend Fische, die zu
diesem Zeitpunkt noch nicht verfärbt sind. Nachdem ich sie eine Weile
beobachtet habe, fällt mir auf, dass ein oder zwei Hundslachse darunter
sind. Ich kenne das Phänomen von früheren Tauchgängen. Offenbar
haben die beiden den Anschluss an ihren eigenen Schwarm verloren
und schwimmen nun in dieser fremden Gemeinschaft mit – allerdings
ohne die Aussicht darauf, je an ihren Laichplatz zu kommen.

Jedes Mal, wenn ich zum Luftholen an die Oberfläche komme,
schaue ich kurz zu Erik rüber. Sehe, wie sich bald die Angel biegt, und
gehe wieder runter, sehe, wie Erik den Fisch drillt, gehe wieder runter,
sehe, wie er ihn aus dem Wasser zieht, wie er ihn schlachtet, ausnimmt,
filetiert – und wie er plötzlich mit einem Bären um den frisch gefangenen
Lachs streitet. Dies ist exakt die Situation, die ich unter allen Umständen
vermeiden wollte! Auf der einen Seite ist Erik, in der rechten Hand die
Angel, in der linken den Fisch, und weicht zurück, den Bären fest im
Blick. Seine Ärmel sind hochgekrempelt, die Hände noch blutig. Der
Geruch muss den Grizzly angezogen haben; nun will er dem Schwäche-
ren seinen Fang abnehmen. Ich kenne den Bären seit Jahren, er ist
eigentlich ganz friedlich, aber diese Gelegenheit will er sich nicht ent-
gehen lassen. Ich brülle zu Erik rüber: »Wirf ihm den Fisch hin!«, aber

*Ein kleiner Mensch mit
einem frisch gefangenen
Fisch: leichte Beute für den
Bär?*

185

der Junge ist ein Jäger. Kein Gedanke daran, dass der Gegner viel zu groß und übermächtig ist: Du willst meinen Lachs? *Go, bear, go!*« Erik brüllt so energisch, wie es seine Jungenstimme zulässt, sein Gesichtsausdruck ist entschlossen und bestimmt; so sieht keiner aus, der nachgibt. Mich nimmt er überhaupt nicht wahr.

Der Bär folgt ihm. Ich versuche noch mal, Erik zu erreichen, denn sobald er dem Bären den Lachs überlassen würde, wäre die Gefahr vorüber – aber keine Chance. Der Junge ist inzwischen bei seinem Rucksack angekommen, der Bär nur wenige Meter entfernt und weiter in der Vorwärtsbewegung. Erik beugt sich hinunter, legt Fisch und Angel ab und greift nach der Dose mit dem Bärenspray. Ein letztes Mal warnt er sein Gegenüber: »*Go, bear, go!*«, dann zieht er mit einem Klickgeräusch die Sicherung und drückt aus drei Metern Entfernung ab. Würde der Wind ungünstig stehen, bekäme er selbst den Sprühnebel ab, was ihn ziemlich sicher außer Gefecht setzen würde, aber an diesem Tag weht kaum ein Lüftchen, und so trifft der kräftige sandgelbe Strahl, eine Mischung aus Chilipfeffer und chemischen Reizstoffen, den Bär mitten ins Gesicht. Vollkommen überrumpelt dreht der Grizzly auf den Hinterbeinen um und flüchtet über die im Wasser liegenden Steine, so erschrocken, dass er mehrere Male abrutscht und mit großem Spektakel schließlich im Gebüsch verschwindet.

Die ganze Szene hat nicht einmal eine Minute gedauert, und so stehe ich noch immer in meinem Taucheranzug im Wasser. Ich gehe zu Erik, keine Ahnung, was der Junge empfindet. Er ist ziemlich aufgeregt: Ja, ja, er sei okay. Dieser Bär habe ihm seinen Fisch stehlen wollen! Wir setzen uns ans Ufer, Erik packt den Fisch in eine Tüte und legt diese ins Wasser, die beste Methode, um einerseits den Lachs zu kühlen, andererseits zu verhindern, dass der Geruch weitere Bären anlockt.

Eine Viertelstunde später traue ich meinen Augen nicht: Der Bär, der eben noch panisch davongepprescht ist, kommt wieder aus dem Erlengebüsch heraus. Damit hätte ich nicht gerechnet. Ich alarmiere Erik: »Mach dich fertig mit deinem Spray!« Erik steht auf, zieht die Sicherung. Diesmal muss der Grizzly nur noch das Klicken hören und springt davon.

Nicht viel später ruft Birgit an: »Wie geht's euch beiden?«

»Bestens!«

»Alles in Ordnung?«

»Ja, wir sind gerade beim Fischen ...«

Wir sehen den Bären an diesem Tag nicht wieder, dafür kommt bald ein Weibchen, das an den Felsen schnüffelt. Offenbar ist ein wenig vom Sprühnebel dort hängen geblieben, denn die Bärin reibt sich jetzt ausgiebig an der Stelle. Erik wundert sich – eigentlich sollte das Spray die

Tiere doch vertreiben, aber offenbar werden sie von den chemischen Stoffen, sofern sie sie nicht ins Gesicht bekommen, eher angelockt.

Auf einer meiner ersten Reisen habe ich diese Beobachtung auch schon gemacht. Nachdem ein Bär in meiner Abwesenheit versucht hatte, in meine Zelte einzudringen, ergriff ich vor dem nächsten Ausflug Sicherheitsmaßnahmen. Rund um das Camp legte ich Gestrüpp aus und besprühte es ausgiebig mit Bärenspray. Zum Schluss drapierte ich noch ein paar alte Socken darin. Der Bär muss das als Einladung verstanden haben: Als ich zurückkam, lag er mitten in meinem Abwehrwall und wälzte sich ausgiebig darin. Hals, Rücken, Nacken – alles sollte parfümiert werden.

Es wird Abend. Erik und ich sitzen am Lagerfeuer, vor uns, gegrillt in Alufolie, ein Lachsfilet, das wir fast mit Ehrfurcht essen und Erik außerdem mit der strahlenden Miene des Siegers. Es ist mittlerweile August, und die Nächte werden schon wieder dunkler, so dass wir in der ganz speziellen Stimmung dieses Tages, fast am Ende unserer Reise, unwillkürlich die ersten Nordlichter zu sehen bekommen. Tanzende

Das Gesetz der Wildnis: Die Beute gehört dem Stärkeren.

187

Lichtgestalten in Grün und Rot, die mal wie Feuerbälle durch die Dunkelheit schießen, dann zu explodieren scheinen, zu großen gefärbten Nebelschwaden heranwachsen und so übermächtig die Nacht für sich beanspruchen, dass sie wie Wesen von einem anderen Stern wirken. Tatsächlich ist die Sonne der Ursprungsort der Nordlichter. Bei den großen Explosionen, die dort stattfinden, werden elektrisch geladene Teilchen, Elektronen und Protonen, freigesetzt und mit dem Sonnenwind fortgetragen. Angezogen vom Magnetfeld der Erde, treten sie in die Atmosphäre ein, die Teilchen entladen sich und färben das Magnetfeld. Da der Magnetismus an den Polen am stärksten ist, sind die Nordlichter hauptsächlich dort zu sehen.

Ich bin nicht sicher, wie viel Erik mit dieser Erklärung anfangen kann. Mit der Vorführung am Himmel kann er jedenfalls eine Menge anfangen. Noch lange sitzen wir hier draußen, schauen in den Himmel und besprechen den vergangenen Tag. Sosehr ich den Stolz meines Sohnes teile, der sich souverän behauptet hat, so gegenwärtig ist mir der Schrecken des Nachmittags. Und so ganz abgeklärt, wie es zunächst scheint, ist auch Erik nicht: »Papa, was hatte der Bär denn gegen mich?«

»Überhaupt nichts, er war einfach scharf auf den Fisch. Das ist ein völlig normales Verhalten, wie du es doch selbst schon bei den Bären beobachtet hast.«

»Aber das war doch mein Fisch! Der soll sich selber einen fangen.«

»So denken Menschen, aber der Bär glaubt, dass dem Stärkeren die Beute zusteht.«

Wir sprechen noch lange darüber, wie riskant die ganze Aktion war, und ich erkläre Erik noch einmal eindringlich, dass er die Bären nicht unterschätzen darf. Er nickt, und trotzdem habe ich das unangenehme Gefühl, dass der Junge in den letzten drei Monaten ein zu positives Bild von den Grizzlys bekommen hat. Alles ist so glatt gelaufen.

Wenn die Tage wieder kürzer werden, tauchen die ersten Nordlichter am nächtlichen Himmel auf.

22. KAPITEL

EIN SCHRECKLICHER UNFALL

Bei Auseinandersetzungen zwischen Bären geht es fast immer um das Gleiche: Nahrungsressourcen, Dominanz und Rangordnung.

Umso brutaler wird Erik später mit dem anderen Gesicht der Bären konfrontiert. Wenige Monate nach unserer Rückkehr werden Timothy Treadwell und Amy Huguenard von einem Grizzly getötet, und der Bär ist ein alter Bekannter. Ich erfahre von ihrem Tod, als ich im Oktober, am Ende meiner zweiten Alaska-Reise in diesem Jahr, mit *Tardis* in Kodiak einlaufe. Erik sitzt zu diesem Zeitpunkt längst wieder in der Schule.

Wenige Tage vor ihrer geplanten Abreise nach Kalifornien hatten Timothy und Amy ihr Camp zwischen einer Lagune und einem Frischwassersee aufgebaut – ausgerechnet auf dem Hauptwechsel eines alten Bären. Offenbar war Timothy gerade dabei, den Grizzly zu filmen, als dieser auf ihn losging. Die Kamera fiel um, aber der Ton lief weiter, so dass alles, was dann passierte, akustisch aufgenommen wurde. Nach der ersten Attacke des Bären rollt sich Timothy auf dem Boden zusammen, verhält sich passiv und scheint zu hoffen, dass der Bär bereits genug hat und abzieht. Stattdessen greift er wieder und wieder an, reißt ganze Stücke aus ihm heraus. Timothy schreit: »Er frisst mich, er will mich töten!« Amy schreit: »Du musst aufstehen! Wehr dich!« Timothy fordert seine Freundin auf, mit der Bratpfanne auf den Bären einzuschlagen, doch Amy ist panisch, unfähig zu handeln, sie schreit in höchster Not. Für den Bären ist der helle, verzweifelte Schrei ein Signal dafür, dass sie leichte Beute ist; im Englischen gibt es einen Namen dafür: *predator call*. Der Grizzly tötet Timothy und stürzt sich anschließend auf Amy.

Als zwei Tage später das Wasserflugzeug kommt, um die beiden abzuholen, wundert sich der Pilot, dass das Camp noch nicht abgebaut ist. Er geht zu den Zelten und wird sofort von dem Bären angegriffen, der seine Beute verteidigt. Der Pilot flüchtet in seine Maschine, kreist über dem Camp und sieht aus der Luft, dass der Grizzly auf einem menschlichen Körper sitzt. Über Funk ruft er die Parkranger. Als diese eintreffen, finden sie den Bären immer noch in der gleichen Position vor. Auch sie werden sofort attakiert und erschießen das Tier aus kurzer Entfernung. Anschließend erlegen sie noch ein zweites junges Männchen, das sich in der Nähe aufhält. Sie sind nicht sicher, ob nicht auch dieses an der Tötung beteiligt war oder zumindest von den Toten gefressen hat. Das Risiko, einen Bären, der Geschmack an Menschenfleisch gefunden haben könnte, frei herumlaufen zu lassen, wollen sie nicht eingehen. Timothy ist zum Großteil aufgefressen, Amy liegt vergraben in der Erde und sollte offenbar als Futtervorrat dienen.

Als mir die Ranger die Fotos des getöteten Bären zeigen, erkenne ich den Grizzly sofort wieder. Kein Zweifel, es ist der mürrische Alte, der mich vor einigen Jahren mit einem Scheinangriff umgeworfen hat, der Arthrose geplagte Opa, der immer einen großen Bogen um uns gemacht hat und über den Erik so oft gespottet hat.

Später erzähle ich dem Jungen, was passiert ist. Er ist erschrocken, kann es nicht verstehen. Lange sitzen wir zusammen und suchen nach einer möglichen Erklärung. Die Bucht, in der sich Tim und Amy befanden, liegt ziemlich am Anfang der Aleutenküste im Katmai Nationalpark und wird um diese Zeit von vielen Bären angelaufen, da dort noch spät im Jahr die Silberlachse einziehen. Ich selbst war im Jahr zuvor zum letzten Mal in der Bucht und musste feststellen, dass ungewöhnlich wenige Fische im Fluss schwammen. Mag sein, dass der alte Grizzly, der schon im Sommer nicht übermäßig gut genährt war, gespürt hat, dass ihm noch etliche Pfunde fehlen, um die Winterruhe zu überstehen. Vielleicht hat er auch wenige Zeit vor dem Angriff im Kampf mit einem anderen Bären den Kürzeren gezogen. Sicher war für ihn das Camp der beiden eine Provokation – dies war sein Wohnzimmer, und diese Typen legten ungefragt ihre Isomatte darin aus! Aber letztendlich glaube ich, dass Timothy seine Emotionalität gegenüber den Bären zum Verhängnis wurde. Auch er war dem mürrischen Alten schon manches Mal begeg-

net, auch er hatte den einen oder anderen Scheinangriff hinter sich. Während ich in ähnlichen Fällen versuche, mir mit scharfer, lauter Stimme Respekt zu verschaffen, hat Timothy weiter sanft auf die Bären eingesprochen, sich selbst klein gemacht. Der Alte muss sich überlegen gefühlt haben. Tim hatte es immer abgelehnt, Waffen mitzunehmen, und so hatten die beiden nicht einmal ein Bärenspray dabei, das ihnen vielleicht das Leben gerettet hätte.

Trotz aller Differenzen, die Tim und ich hatten, trauere ich um einen Freund, der auf so furchtbare Weise sterben musste. Und stelle mir wieder die Frage, ob nicht auch ich längst ein viel zu enges Verhältnis zu den Bären habe. Wenn man so viel Zeit mit den Tieren verbringt und über mehrere Jahre nie ernsthaft in Gefahr gerät, muss man höllisch aufpassen, dass man die Begegnungen nicht idealisiert. Dass man nicht doch irgendwann den Bären als Partner sieht – und ihm im nächsten Moment erklären will, wie die Kamera funktioniert.

Mitte August: Es wird Herbst in Alaska. Schon beginnt sich die Tundra zu verfärben, die ersten Anzeichen des Indian Summer. Bald werden die großen Ebenen rostrot, orange und golden leuchten; eine finale Farbexplosion, bevor der Winter das Land mit einem einzigen großen Weiß überdeckt. An einem unserer letzten Tage in der Wildnis erleben wir noch eine kleine Überraschung. Wir haben unser Camp am Kratersee abgebaut und ich bin gerade dabei, die Ausrüstung auf dem Kanu zu verstauen, als ich Erik rufen höre. »Papa, da ist der Tauchbär!«

Mein Erlebnis mit dem alten Grizzly gehört zu Eriks Lieblingsgeschichten, ich weiß nicht, wie oft ich sie ihm erzählt habe, aber dass der Bär noch lebt, scheint mir ausgeschlossen. Seit Jahren habe ich ihn nicht mehr gesehen, und er wäre mittlerweile um die vierzig Jahre alt – kein Bär erreicht dieses Alter. Aber tatsächlich steht dort im Wasser ein riesiger Kerl, der in diesem Moment Kopf voran im See verschwindet. Unfassbar! Doch schon beim ersten Blick ist mir klar, dass er viel jünger sein muss, obwohl er dem Alten verblüffend ähnlich sieht. Lange schauen wir dem Grizzly zu, der uns seine Tauchtechnik mehrmals vorführt, bevor er an Land kommt. Nun sieht man die Ähnlichkeit mit dem Taucher von damals noch deutlicher. Auch dieser hier ist groß und massig, hat einen extrem breiten Schädel, Ohren, die sehr weit auf der Seite stehen und eine ausgeprägte, lange und breite Schnauze. Sein Fell hat die gleiche dunkelbraune, fast schwarze Färbung und sein Gang ist so wiegend wie der des anderen.

Ich habe nur eine Erklärung dafür: Dies muss ein Sohn des Tauchers sein. Der Alte muss ihm seine Technik weitervererbt haben. Eine Weile beobachten wir ihn noch, dann machen wir uns auf den Weg.

Der mürrische alte Bär, der Tim und Amy zum Verhängnis wurde.

23. KAPITEL

MIT STOLZGESCHWELLTER BRUST
ZURÜCK NACH KODIAK

Schweren Herzens machen wir uns auf die Rückreise nach Kodiak.

Es war klar, dass wir die Rückreise nicht auf den allerletzten Drücker antreten würden, sondern mit etwas Spielraum, um nicht das Risiko einzugehen, bei zweifelhaftem Wetter segeln zu müssen. Der Seewetterbericht klingt gut, und so entschließen wir uns, eine knappe Woche vor dem Rückflug loszufahren. Noch einmal machen wir unterwegs Halt auf der Vogelinsel. Ich hätte vermutet, dass die Bärin und ihr Kleines noch dort sein würden, aber obwohl sie längst nicht alle Nester leer geräumt haben, sind sie verschwunden. Sogar die Adlerküken wurden zu meinem Erstaunen und unser beider Freude verschont. Ich muss schmunzeln. Typisch Grizzly: Die Bärin wird gespürt haben, dass die Zeit der Lachse naht, und wie in jedem Jahr und wie Generationen das vor ihr getan haben, wird sie dem uralten Rhythmus gefolgt und zu den Flüssen gewandert sein – ganz egal, wie viele Küken noch in den Nestern saßen.

In einer Nacht durchqueren wir die Shelikofstraße. Auch Erik ist nicht nach Schlafen zumute, stattdessen rufen wir uns gegenseitig in Erinnerung, wie unglaublich unsere Reise war.

»Weißt du noch – der große Heilbutt?«

»Mann, war das ein Brocken.«

»Wie es Fuzzy jetzt wohl geht?«

»Tja. Der wird sich weiter den Bauch mit Grünzeug voll schlagen.«

»Wir könnten ihn doch im nächsten Jahr noch mal zusammen besuchen!«

»Mal gucken ... Vielleicht sollten wir einfach für immer nach Alaska ziehen und uns ein Blockhaus an dem Goldfluss bauen.«

»Das wär's! Und Mama, Thore und Cita würden auch mitkommen.«

»Und wir würden mit modernen Pumpen den Grund absaugen und steinreich werden.«

»Genau ... Ob wohl bald immer mehr Bären wie ein Wal zu tauchen lernen?«

»Gut möglich. Der Alte wird sich reichlich vermehrt haben, und wenn er allen seinen Nachkommen diese Tauchtechnik weitergegeben hat, werden sicher bald einige auf diese Weise fischen.«

Irgendwann wird Erik müde und legt sich für ein paar Stunden in die Kabine. Als wir am Morgen die Insel Kodiak erreichen, sehen wir schon von weitem dichten Nebel. Die Szenerie hat etwas Gespenstisches, denn nach wie vor ist die Sicht draußen auf dem Meer völlig klar, nur Kodiak ist so dick in Watte gepackt, dass mir mulmig wird: Da müssen wir durch, dort liegt die Kopreanowstraße, die die Insel Kodiak in die nördliche und südliche Hälfte teilt und uns zu unserem Zielhafen in Kodiak City bringen soll. Da ich später im Jahr noch einmal zu den Grizzlys fahren will, würden wir *Tardis* hier liegen lassen und auf die Weiterfahrt nach Homer verzichten. Sobald wir in die Kopreanowstraße einfahren, können wir kaum noch fünfzig Meter weit sehen. Gleichzeitig frischt der Wind auf, der die Geräusche der Fischereifahrzeuge zu uns herüberträgt. Wir hören die Schiffsmotoren, aber weder sehen wir die Boote noch sie uns. Nicht gerade lustig: Die meisten Schiffe gehen dadurch verloren, dass sie im Nebel gerammt werden. Ich setze einen Radarreflektor am Mast und hoffe, dass ein Fischer, der in unsere Nähe kommt, ihn wahrnimmt – auch wenn ich weiß, dass diese Fischer sehr selten ihr Radar anschalten. Irgendwann strahlt vom Himmel dünn das Sonnenlicht durch, doch unten bleibt der Nebel dicht. Wir hören Seevögel und das typische Blasen der Buckelwale, mit dem sie ihre Fontänen in die Luft spritzen. Am Nachmittag endlich lichtet sich der Nebel, und wir sehen die Wale, jede Menge davon – nicht umsonst heißt die Meeresenge, die vor uns liegt, »Walpassage«.

Das Wasser wird hier mit einer solchen Geschwindigkeit durchgepresst und hochgewirbelt, dass es besonders nährstoffreich ist. Die Folge sind extrem viele kleine Krebse, die wiederum Millionen von Heringen anziehen, die ihrerseits die Wale anlocken. Auf den Seekarten ist die Walpassage als besonders gefährlich markiert. Obwohl *Tardis* nur sechs Knoten Höchstgeschwindigkeit läuft, pressen uns die Wassermassen so schnell durch den Trichter, dass wir über Grund dreizehn Knoten Geschwindigkeit erreichen – die Strömung allein macht sieben Knoten aus. Und obwohl die Stelle fünfhundert Meter breit ist, kommen wir uns vor wie auf einem Wildwasserfluss. Das Wasser sprudelt und wallt, und immer wieder bilden sich riesige Strudel, die größten mit einem Durchmesser von sicher dreißig Metern und in der Mitte einem drei, vier Meter tiefen Trichter; nach Erzählungen der alten Fischer sind schon ganze Boote von diesen Strudeln in die Tiefe gezogen worden. Mag sein, dass da ein bisschen Seemannsgarn mitspielt, aber kurz darauf sehen Erik und ich, wie ein riesiger Baumstamm, eine dicke Zeder, die mehrere Männer hätten umfassen können, in den Sog gerät, Runde um Runde dreht und plötzlich senkrecht in die Tiefe gezogen wird. Weg. Erik schaut mich erschrocken an, mir selbst ist auch nicht wohl – das Meer wirkt übermächtig. Wir motoren am Rande der Strudel entlang. Längst habe ich den Plan aufgegeben, die Fahrt durch die Walpassage zu filmen. Wir schauen zum Ufer, es rauscht an uns vorbei.

Dann sind wir durch. Wir durchqueren die Marmot Bay und sehen spät am Abend, als es bereits dunkel ist, das Leuchtfeuer der kleinen Stadt Kodiak. Wie es der Ehre gebührt, laufen wir unter Segel ein. Wenn man alle Wege mit einrechnet, liegen schätzungsweise tausendsiebenhundert Seemeilen hinter uns. Ich stehe am Steuer, Erik vorn auf dem Großbaum, wir beide mit dem erhabenen Gefühl, als große Helden in die Zivilisation zurückzukehren, und in der Stimmung, von einem Begrüßungskomitee mit Blaskapelle und Fähnchen wedelnden Schulkindern gefeiert zu werden. Doch wir landen stolz und strahlend nur mitten in der ganz normalen Betriebsamkeit eines Fischerhafens. Wenn wir überhaupt wahrgenommen werden, dann hält man uns vermutlich für Touristen, die ein bisschen vor der Küste gekreuzt sind.

Über Funk erbitten wir vom Hafenmeister einen Liegeplatz und fahren zu der angewiesenen Stelle. Wir sind beide aufgeregt, freuen uns auf die Atmosphäre des Städtchens, schon haben wir den Hafengeruch in der Nase. Ich manövriere *Tardis* Richtung Liegeplatz, als Erik auf ein großes dunkles Etwas zeigt: »Guck mal, Papa, da ist ein Seelöwe! Ich glaube, der ist tot!« Tatsächlich liegt direkt am Kai unbeweglich ein massiger Kerl. Er muss recht alt geworden sein, vermutlich hat ihn ein Fischer im Netz gehabt und für den Abdecker zurückgelassen. Ich springe mit den Leinen in der Hand an Land, will *Tardis* festmachen, als der Tote auf einmal den Kopf hebt und ziemlich lebendig wird. Umgeben von einer Wolke aus Fischgestank, robbt er schnaufend auf mich zu; es scheint für ihn außer Frage zu stehen, dass er hier der Hausherr ist und ich ein Eindringling, der besser schnell wieder verschwindet. Der Seelöwe ist noch zwei Meter von mir entfernt, als ich aufs Boot springe und per Funk um einen anderen Liegeplatz bitte.

Später erfahren wir vom Hafenmeister, dass wir nicht die Ersten sind, die von dem alten Bullen vertrieben wurden, und dass er der meist gehasste Hafenbewohner ist. Ich finde das Ganze so kurios, dass ich spontan beschließe, die Szene zu wiederholen und zu filmen. Eine weitere Wende, ein zweites Anlegemannöver. Wieder springe ich von Bord, und der Seelöwe robbt los. Ich flüchte.

Anschließend steuern wir einen anderen Liegeplatz an. Kurz bevor wir an Land gehen, verschwindet Erik noch einmal in der Kabine und kommt verwandelt wieder hoch. Statt seiner Baseball-Kappe hat er eine Strickmütze auf, dazu trägt er meine schwere, viel zu große Gummihose und dicke Gummistiefel. Die Kleidung der Fischer. Der Männer. Ich finde, er hat Recht: Ich weiß nicht, wie viele Menschen diese drei Monate so souverän überstanden hätten. Seine Verwandlung ist für mich völlig stimmig, sie steht ihm zu.

Immer noch von einer großen Gefühlswelle getragen, entern wir beide Tony´s Bar, die Kneipe der Seeleute. »Der Kleine kriegt aber noch kein Bier!«, heißt es sofort, als wir bestellen wollen, aber das ist Erik egal. Ihm ist ein großer Plastikbecher Cola mit Strohhalm ohnehin viel lieber, und dazu eine schwer beladene Pizza, deren dicker Teig sich ordentlich nach unten biegt, als Erik das erste Stück hochhebt. Lang ziehen sich die Käsefäden. Eineinhalb Stunden hat er mit der Familienportion zu tun und sie am Schluss fast komplett verdrückt. Dann kauft er sich ein T-Shirt mit dem Schriftzug »Tony´s Bar Kodiak Alaska« auf der einen Seite und dem Bild eines Steuermanns auf der anderen und zieht es sofort an. Einige der Gäste schmunzeln, Erik lässt sich davon nicht verunsichern. Als wir um 23 Uhr rausgeschmissen werden, weil die Sperrstunde beginnt und nun nur noch harte Sachen ausgeschenkt werden, gehen wir zum Boot zurück, Erik mit glühenden Wangen, erfüllt und restlos zufrieden mit diesem Abend. Glücklich schläft er ein.

24. KAPITEL

»ICH BIN IN ALASKA ...«

Erik bei der Arbeit auf dem Trawler in Kodiak

Am nächsten Morgen bessere ich auf dem Boot die Spuren des Sommers aus. Erik spaziert durch den Hafen. Nach einer Weile kommt er wieder zurück und erzählt, dass zwei Piers weiter ein Fischerboot liege, auf dem er einen Vater mit seinen beiden Söhnen gesehen habe. Er überlege, ob er den Fischer nicht nach einem Job fragen solle. »Klar, frag ihn!« Zehn Minuten später steht er wieder strahlend vor mir: Er könne sofort anheuern, der Fischer habe ihm einen Job gegeben.

»Das gibt's doch nicht.«

»Doch, doch! Ich kann auf dem Boot arbeiten!«

»Was sollst du denn machen?«

»Zusammen mit den beiden Jungs die Netze säubern und die alten Fische raussammeln.«

Mit anderen Worten: das Größte, was er sich in dem Moment vorstellen kann. Gemeinsam gehen wir zu dem Fischerboot, der »Shadowfax«, ich stelle mich dem Vater vor, Erik gesellt sich zu dessen Söhnen. Obwohl die beiden ein Stück älter sind als er, der eine vierzehn, der andere sechzehn, weicht er ihnen nicht mehr von der Seite, ist offensichtlich richtig glücklich über die Gegenwart anderer Kinder, auch wenn es streng genommen schon Teenager sind. Gemeinsam flicken die drei Netze, befreien sie von Seetang, legen sie zusammen oder sitzen einfach in der großen Kajüte, trinken Tee und verständigen sich radebrechend über ihre Welt. In dem Augenblick wird mir erst richtig klar, dass Erik als Neunjähriger drei Monate lang wie ein Mann gelebt hat. Erst jetzt merke ich, wie sehr er das Spiel mit Kindern vermisst haben muss; unglaublich, wie warm und vertraut er mit den beiden umgeht; dass er nur wenige Worte Englisch spricht, ist für die Kinder völlig nebensächlich.

Flughafen Anchorage. Noch einmal laufen wir durch die Hallen mit all den ausgestopften Tieren. Wieder bleibt Erik voller Ehrfurcht vor dem riesigen Heilbutt stehen, aber diesmal mit dem Blick und den fachmännischen Kommentaren eines Kenners, der zwar noch keinen 200-Kilo-Fisch, aber doch ein 20 Kilo schweres Exemplar aus dem Meer gezogen hat: Wie lange man mit so einem wohl kämpfen muss? Welche Schnurstärke man da braucht? Welchen Haken? »Ich glaube, wenn ich den an der Angel gehabt hätte, hätte er uns mitsamt *Tardis* kilometerweit mitgezogen.«

Im Flugzeug besprechen wir, nun schon leicht wehmütig, erneut die schönsten Momente unserer Reise und schieben so den allerletzten Abschied noch ein bisschen hinaus. Und je länger wir erzählen, desto größer, wilder, fantastischer, unglaublicher werden unsere Abenteuer. Dann fängt Erik an, Schulaufgaben zu machen. Später wird er auf Birgits

Die Crew der Shadowfax

Fragen voller Überzeugung antworten: Natürlich habe ich für die Schule gelernt! Tatsache ist, dass das große Aufgabenheft, das Erik und ich durcharbeiten sollten, fast leer geblieben ist. Wir waren einfach so mit unserem Leben beschäftigt, dass dafür keine Zeit blieb.

An einem heißen Tag Ende August holt uns Birgit am Frankfurter Flughafen mit dem Auto ab. Sie ist überglücklich, ihr Kind zurückzuhaben. Die beiden umarmen sich innig. Das Erste, was Erik ihr erzählt, ist die Geschichte mit dem Nerz. Auf der Autofahrt nach Hümmel folgen weitere Erlebnisse, und als wir zu Hause ankommen, ist Erik praktisch mit seinen Reiseberichten durch. Wenig später taucht erwartungsvoll die Oma auf und fragt, wie es denn gewesen sei. Erik antwortet nur noch knapp: »Schön war's!«, und die Oma ist fast ein bisschen beleidigt. Dann legt sich er sich ins Bett und schläft fünfzehn Stunden.

Noch zwei Wochen Ferien bleiben ihm, bis die Schule wieder anfängt. Im Wohnzimmer landen japanische Fischerkugeln, in der Werkstatt ein Elchgeweih. In der Küche wird ein langes schmales Glasgefäß mit besonders schönen Steinen aufgestellt. Zu den Bildern an Eriks Zimmerwand kommen welche von einem strahlendem Jungen mit einem Lachs in der Hand und von einem kleinen Bären, der neugierig in die Kamera guckt. Und an einem Nachmittag zimmern wir gemeinsam einen Stall für ein Frettchen, nur wird das Tier selbst irgendwann in Vergessenheit geraten.

Dann sind die Ferien vorbei, und wie alle seine Freunde steigt Erik morgens wieder in den Schulbus. Als er an einem der nächsten Tage abwesend aus dem Fenster schaut, fragt ihn die Lehrerin, wo er denn bloß mit seinen Gedanken sei.

Und Erik antwortet: »Ich bin in Alaska ...«

DANK

Für die Unterstützung unserer Expedition möchte ich mich bei folgenden Firmen ganz herzlich bedanken: FJÄLL RÄVEN, MEINDL, Blaser, Carl Zeiss Sports Optics, Sachtler, Eva Marine, Grabner und Mediatec.

Weiter gilt mein Dank der Community of Kodiak City, dem Institute of Artic Biology der University of Fairbanks Alaska, dem Katmai National Park und der Katmai Wilderness Lodge.

Ohne die Mithilfe von Greg A. Syverson, Steven Nourse, Martin H. Owen, Oakley Cochran, Romano Schenk, Jürgen Meyer, Otto und Hanni Zimmermann, Verena und Harald Raeker, Hans Syndikus, Birgit Pellenz, Rachel Syverson und Steven Kazlowski wären einige Erlebnisse und Dokumentationen nicht möglich gewesen.

Ihnen und nicht zuletzt meiner lieben und toleranten Frau Birgit, die uns in dieses Abenteuer ziehen ließ, möchte ich meinen großen Dank aussprechen.

Andreas Kieling, im August 2004